农村书屋系列
NONGCUN SHUWU XILIE

MIFENG

蜜蜂 高效养殖技术一本通

杨冠煌 编著

化学工业出版社
生物·医药出版分社
·北京·

本书从简单介绍蜜蜂的生物学特性（蜜蜂种类、生活习性、社会习性等）入手，进而详细阐述了目前蜜蜂养殖业中两类重要的蜜蜂——中华蜜蜂和意大利蜜蜂的高效养殖技术。书中介绍了如何建立养蜂场、怎样购买蜂群、基本养殖技术、四季管理、蜂产品生产技术以及蜜蜂疾病防治等核心技术。全书内容实用，语言通俗易懂，适合广大养蜂技术人员、蜜蜂场生产管理人员、养蜂专业户阅读，也可供高校养蜂专业师生参考。

图书在版编目（CIP）数据

蜜蜂高效养殖技术一本通/杨冠煌编著.—北京：化学工业出版社，2010.5（2022.7重印）
（农村书屋系列）
ISBN 978-7-122-07854-4

Ⅰ.蜜… Ⅱ.杨… Ⅲ.蜜蜂饲养 Ⅳ.S894

中国版本图书馆 CIP 数据核字（2010）第 033959 号

责任编辑：邵桂林　　　　装帧设计：关　飞
责任校对：郑　捷

出版发行：化学工业出版社　生物·医药出版分社
　　　　　（北京市东城区青年湖南街 13 号　邮政编码 100011）
印　　装：三河市延风印装有限公司
850mm×1168mm　1/32　印张 6½　字数 160 千字
2022 年 7 月北京第 1 版第 30 次印刷

购书咨询：010-64518888　　　　　售后服务：010-64518899
网　　址：http://www.cip.com.cn
凡购买本书，如有缺损质量问题，本社销售中心负责调换。

定　　价：20.00 元　　　　　　　版权所有　违者必究

前 言

　　蜜蜂是我国古老的养殖昆虫，历史上有"蚕吐丝，蜂酿蜜"的社会生活方式。饲养蜜蜂不但能获得各种蜂产品，同时能为果树、农作物授粉，提高农作物产量。中华蜜蜂是我国森林生态系统的缔造者和维护者，保护和饲养中华蜜蜂有利于维护自然生态平衡。

　　随着科学的进步及国际交流，20世纪初，先进的活框饲养技术及优良西方蜜蜂品种传入我国，使我国的养蜂业有了飞跃发展。我国现已成为世界第一养蜂大国，但饲养技术还比较落后，产品质量普遍较差。为了推广先进饲养技术，提高产品质量，我编写了本书供蜂农和养蜂爱好者参考使用。本书虽然是我编著的饲养蜜蜂的基本技术书籍，但图书内容参考借鉴了其他诸多专家学者的科研成果和生产经验，特别要提出的是，书中有关意大利蜂的养殖技术主要引用了周冰峰教授的材料，有关蜂病防治方面主要引用了冯峰研究员的材料。在此对上述专家一并表示诚挚的感谢。

　　衷心希望本书能为各位同行改进及提高蜜蜂饲养技术提供一些有益的帮助。同时，对书中存在的不妥之处，敬请广大读者批评指正。

杨冠煌 [1]

---

　　[1] 作者简介：杨冠煌系中国农科院蜜蜂所研究员，省、部级专家，原蜜蜂所学术委员会主任，名誉主任，长期从事蜜蜂资源研究和养蜂技术推广工作。

出 版 者 的 话

党的十七大报告明确指出："解决好农业、农村、农民问题，事关全面建设小康社会大局，必须始终作为全党工作的重中之重。"十七大的成功召开，为新农村发展绘就了宏伟蓝图，并提出了建设社会主义新农村的重大历史任务。

建设一个经济繁荣、社会稳定、文明富裕的社会主义新农村，要靠改革开放，要靠党的方针政策。同时，也取决于科学技术的进步和科技成果的广泛运用，并取决于劳动者全员素质的提高。多年的实践表明，要进一步发展农村经济建设，提高农业生产力水平，使农民脱贫致富奔小康，必须走依靠科技进步之路，从传统农业开发、生产和经营模式向现代高科技农业开发、生产和经营模式转化，逐步实现农业科技革命。

化学工业出版社长期以来致力于农业科技图书的出版工作。为积极响应和贯彻党的十七大的发展战略、进一步落实新农村建设的方针政策，化学工业出版社邀请我国农业战线上的众多知名专家、一线技术人员精心打造了大型服务"三农"系列图书——《农村书屋系列》。

《农村书屋系列》的特色之一——范围广，涉及100多个子项目。以介绍畜禽高效养殖技术、特种经济动物高效养殖技术、兽医技术、水产养殖技术、经济作物栽培、蔬菜栽培、农资生产与利用、农村能源利用、农村老百姓健康等符合农村经济及社会生活发展趋势的题材为主要内容。

《农村书屋系列》的特色之二——技术性强，读者基础宽。以突出强调实用性为特色，以传播农村致富技术为主要目标，直接面向农村、农业基层，以农业基层技术人员、农村专业种养殖户为主要读者对象。本着让农民买得起、看得会、用得上的原则，使广大读者能够从中受益，进而成为广大农业技术人员的好帮手。

《农村书屋系列》的特色之三——编著人员阵容强大。数百位编著人员不仅有来自农业院校的知名专家、教授，更多的是来自在农业基层实践、锻炼多年的一线技术人员，他们均具有丰富的知识和经验，从而保证了本系列图书的内容能够紧紧贴近农业、农村、农民的实际。

科学技术是第一生产力。我们推出《农村书屋系列》一方面是为了更好地服务农业和广大农业技术人员、为建设社会主义新农村尽一点绵薄之力，另一方面也希望它能够为广大一线农业技术人员提供一个广阔的便捷的传播农业科技知识的平台，为充实和发展《农村书屋系列》提供帮助和指点，使之以更丰富的内容回馈农业事业的发展。

谨向所有关心和热爱农业事业，为农业事业的发展殚精竭虑的人们致以崇高的敬意！衷心祝愿我国的农业事业的发展根深叶茂，欣欣向荣！

化学工业出版社

目　　录

第 *1* 章
蜜蜂生物学特性

1.1 蜜蜂是什么动物

1.1.1 蜜蜂是无脊椎动物

生物从原始的单细胞生物进化到多细胞生物后，就分化为两个生物系统：能自主移动，以捕食其他有机物为生的物种为动物；不能主动移动，以光合作用制造营养为生的物种为植物。而动物进化到腔肠动物，又进一步分化形成两大支系：在身体内有硬骨骼支架，作为肌肉活动的支点，主干神经被包在骨椎之中形成脊椎的物种为脊椎动物，又称内骨骼动物，如鱼类、爬行类、鸟类、兽类；在身体内无硬骨骼，外部由硬几丁质包围，肌肉附在外部硬几丁质上，主干神经游离在背脊肌肉中，无脊椎的物种称无脊椎动物，又称外骨骼动物，如蜘蛛类、蜈蚣类、各种昆虫等。蜜蜂属于昆虫类的无脊椎动物。

1.1.2 蜜蜂是无脊椎动物类中进化最高水平的物种

每种生物类型经历长期进化至今，都会形成最高形式的物种，如：植物进化至今的最高形式物种，是异花传粉的显花植物（如各种瓜、果类等）；脊椎动物进化最高形式的物种是灵长类动物（如猴、猿、人类）；而无脊椎动物进化最高形式是蜜蜂属昆虫，其中以家养的两个蜜蜂种类最为先进。

1.2 蜜蜂的分类地位

蜜蜂在生物分类上，属于节肢动物门、昆虫纲、膜翅目、蜜蜂总科、蜜蜂科、蜜蜂属。

蜜蜂属共有六种：东方蜜蜂（*Apis cerana Fabricius*. 1793）、西方蜜蜂（*Apis mellifera linnaers* 1758）、小蜜蜂（*Apis florea Fabricius* 1787）、黑小蜜蜂（*Apis andreniformis F，SM* 1858）、大蜜蜂（排蜂，*Apis dorsata Fabricius* 1793）、黑大蜜蜂（岩蜂，*Apis laboriosa F，SM* 1871）。除西方蜜蜂外，其他五种在我国都有分布。东方蜜蜂的定名亚种是中华蜜蜂。分布在我国的东方蜜蜂统称为中蜂，其中中华蜜蜂是主要亚种，学名为 *Apis cerana cerana Fibricius*。

我国目前人工饲养的意大利蜜蜂（彩图1）、高加索蜂等，都属于西方蜜蜂种，是20世纪初从外国引进的蜜蜂品种。蜜蜂属虽有6个种，但目前被人类饲养的只有两个种，即西方蜜蜂和东方蜜蜂种。其他四个种人工养殖均未获得成功，完全处于野生状态。

1.3 家养蜜蜂的种类

全世界家养蜜蜂都属于两个蜜蜂种。

西方蜜蜂种　西方蜜蜂种群自然分布范围在欧洲、非洲和亚洲西部，约有10个地理亚种。目有只有4个亚种被人类饲养，即欧洲黑蜂、意大利蜂、卡尼阿兰蜂、高加索蜂。

东方蜜蜂种　东方蜜蜂种分布在亚洲中、东部，我国是主要分布区域。已划分的亚种有印度亚种、爪洼亚种、藏南亚种、海南亚种、马尔康亚种、中华亚种、日本亚种。

1.3.1 蜜蜂的形态

以意大利蜂工蜂的形态特征为例（图 1-1、图 1-2），描述家养蜜蜂的体躯和翅的形态。

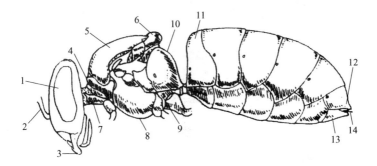

图 1-1 工蜂的体躯（仿 H. A. Dade）

1—复眼；2—触角；3—上颚；4—第 1 胸背板；5—第 2 胸背板；6—第 3 胸背板；
7—第 1 胸腹板；8—第 2 胸腹板；9—第 3 胸腹板；10—第 1 腹背板；
11—第 2 腹背板；12—第 7 腹背板；13—第 7 腹腹板；14—螫针

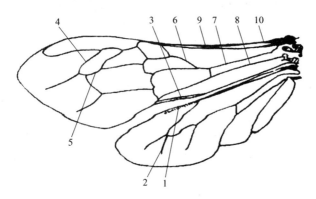

图 1-2 翅与翅脉

1—后翅钩；2—后翅中脉分叉；3—前翅缘摺；4—外中横脉；5—肘脉；
6—基脉；7—中脉；8—臀脉；9—径脉 10—前缘脉（仿 H. A. Dade）

东方蜜蜂种的外部形态与西方蜜蜂种相似，但有两处明显不同：工蜂上唇基有三角斑；工蜂后翅中脉分叉。此外东方蜜蜂体躯较短小，色泽偏灰黑色。

1.3.2 蜂群的三种个体

蜂群内生活着 3 种个体，即蜂王、雄蜂、工蜂。

蜂王、雄蜂、工蜂外形如图 1-3。

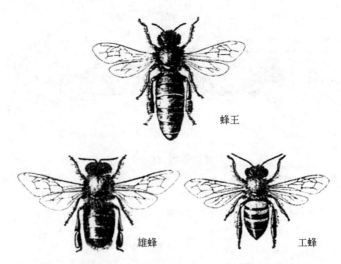

蜂王

雄蜂

工蜂

图 1-3 中华蜜蜂的蜂王、雄蜂、工蜂 3 种类型（仿梁锦英）

1.3.2.1 工蜂

体躯

工蜂由头、胸、腹三部分组成。头部有一对鞭状触角、一对复眼、三个单眼，口器是嚼吸式。触角由柄节、梗节和鞭节组成。躯干共 10 节。胸部由前、中、后胸组成。每一胸节着生一对足，中胸节和后胸节的背侧分别着生一对膜质翅。第一腹节与胸部构成了并胸腹节。腹部呈卵形，前端宽大，后端成圆锥状。第 2 腹节前端形成一柄状，前缘与并胸腹节背板的一对关节突起相连接。第 2 腹节后端突然宽大，形成壁状的背板，腹背板的两侧有 7 对圆形的气门，第 4 背板前端两边有一突起。一般以工蜂第 3 背板加第 4 背板的长度和第 4 背板突间距的长度衡量蜜囊的大小。背板及腹板的前端各节没有明显差异，而从第 4～第 7 腹节的腹板前部，即前一节后缘覆盖的部分，各具有一对膜质透明板，称蜡镜，蜡镜下方附着蜡腺。第 7 腹节是最后一个可见腹节，呈圆锥形。但其后端转化为向下尖的卵形板。第 8 节腹节转化为环状，藏于第 7 节腹节之内，位于两侧的瓣状骨片外，最后一对气门在其上，因其包围于螫刺的侧面，一般称为螫刺气门板。第 9 腹节不完整，只剩两侧的背板，即螫刺的正方形片及长方形片，腹板转化成膜质，并在刺针腹面与正方形片的后缘相接。

翅

翅由前后翅各一对组成（图 1-2）。

前翅大，具三大亚缘室。翅脉主要有前缘脉、径脉、肘脉，臀脉从基部向后延伸。前缘脉下方为径脉，与横脉组成一条复合脉，称径中横脉，并在第一亚缘室上方中断，为径脉分脉。肘脉与肘中横脉组成一个三角形的前缘室。以后形成不同形状的脉室。在最后一个脉室中的两段之比为肘脉指数。

后翅小，翅脉分支细而少，前缘脉已消失成为一排翅钩着生于翅前缘，由径脉分脉与中横脉组成一条复合脉为后翅第一翅脉，后端分出一条径中分脉。第二翅脉为肘脉，后端分出两条分脉，上接径中分脉的末端，下端向下延伸，或没有分叉（西方蜜蜂种），或形成一个明显的分叉（东方蜜蜂种）。

足

具前、中、后三对。每对足由基节、转节、腿节、胫节及跗节组成。跗节由 5 个分节构成，第一分节扩大和加长称为跗茎节，其上具一对爪和一个悬蹼。在前足的跗基节基部有一个较深的半圆形缺口和一个从胫节端部延伸到缺口上的指状突起组成的净角器（图 1-4）。缺口的边缘有一列梳状小刺，起清洁触角的作用。后足腿节外侧有一个由短毛形成的花粉耙（图 1-5）。

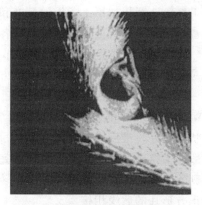

图 1-4　净角器

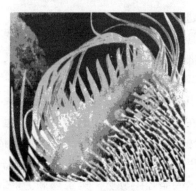

图 1-5　花粉耙

1.3.2.2　蜂王（蜂后）

　　蜂王与工蜂同属雌性个体，由于幼虫第 3 日龄后饲喂的食物不同而分化形成。产卵蜂王体长比工蜂长 40％左右。头部稍呈圆形，单眼排列于前额部，蜂王的中唇舌短，但上颚比较发达粗壮，边缘密生锐利的小齿，前部宽，中间小，背面着生长短不一的毛。腹面自中间基端部形成一个盆状，蜂王上颚腺附着在上颚基部。前翅比工蜂长。第 7 腹节末端稍尖。第 8 腹节呈两块深褐色的膜质几丁质片藏于第 9 腹节内面。长管状的产卵管藏于第 7 腹节内，两侧有一产卵瓣伸达产卵管末端，包住产卵管，为产卵管的外鞘（图 1-6）。中蜂的蜂王体色偏黑，意蜂蜂王体色偏黄。

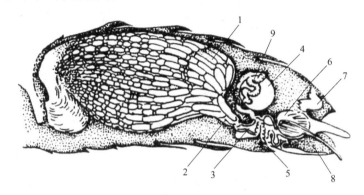

图 1-6　雌性生殖系统（仿 H. A. Dade）

1—卵巢管；2—侧输卵管；3—中输卵管；4—受精囊；

5—阴道瓣褶；6—螫针；7—肛门；8—螫针室；9—腺体

1.3.2.3　雄 蜂

雄蜂是雄性个体，由未受精卵发育而成。雄蜂头部圆形，颜面稍隆起，一对复眼着生于头部两侧，几乎在头顶上会合。颜面呈三角形，三个单眼挤在前部额上。雄蜂复眼的小眼数量比工蜂多一倍以上。雄蜂上颚较小。足上无净角器、距、花粉刷。前足跗节具闪光短毛。腹部宽大，可见节为 7 节。腹板形状与工蜂、蜂王不同，第 2 腹板两角尖突，第 3 腹板两尖突细长，中间稍窄。背板宽大，腹部末端为圆形。第 8 背板已特化为膜质，藏于第 7 背板内，两侧具一深褐色的骨片，是第 9 背板表皮的内突，两块大的具毛的骨片、呈鳞状、深藏于腹部末端内，其前端宽阔，后端稍窄为阳茎瓣。阳茎孔开口于两片阳茎瓣的中间，其后侧角连着一块褐色骨片，为阳茎侧片（图1-7）。中蜂和意蜂的雄蜂外生殖器结构有差异，不能与对方处女雌蜂王交配。

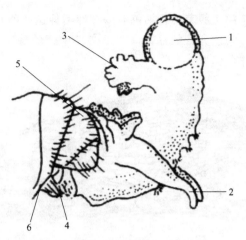

图 1-7　中蜂阴茎外翻后结构（杨冠煌供）

1—黏液；2—囊状角；3—羽状突；4—阳茎瓣；

5—第 9 节背板；6—第 8 节腹板

1.4　蜜蜂的习性

1.4.1　营社会化群体生活

　　两种家养蜜蜂营群体生活，称蜂群。蜂群是由一只蜂王（蜂后）、几千到几万只工蜂、几百只雄蜂组成，共同生活在由蜡质构成的多片结构蜂巢，每片两面建成蜡质六角形巢房。每片巢房像脾脏形状俗称巢脾。

　　蜂群中各个体不是简单的聚集在一起，而是互相分工合作，互相依存。首先是不同类型的个体，在群体中从事工作内容不同：如蜂王专司产卵、分泌控制工蜂卵巢发育的蜂王信息素；雄蜂专司在空中与处女蜂王交配；工蜂是性器官不发育的雌性个体，负责采集花蜜、水，哺育幼虫，饲喂蜂王、雄蜂，调控巢内温、湿度，建造蜂巢，守卫蜂巢等。在群内生活的每个个体，都不能离开自己的群体，离开后不久就会死亡。因此，蜂群是不可分割的整体，是蜜蜂种群的最小生存单位。

1.4.2　个体繁殖和群体繁殖

　　蜜蜂通过个体增殖和群体繁殖来实现种群的繁衍。这种繁衍方式在昆虫界是独特的。所谓个体增殖指的是蜂群内只有一个蜂王产卵繁殖后代。蜂王除越冬时节外每天产卵，中蜂蜂王春、夏季每日产卵 800～1300 粒，秋季每日产卵 300～800 粒。蜂群内工蜂、雄蜂和蜂王的发育历程不同。工蜂卵期为 3 天，幼虫期为 6 天，蛹期为 11 天（中蜂）。蜂王卵期为 3 天，幼虫期为 6 天，蛹期为 6 天。雄蜂卵期为 3 天，幼虫期为 6 天，蛹期为 14 天。各虫型发育日历不随季节变动。常年没有世代划分。但是扩大的群体依然只是一个物种单位，并没有增加新群体。如何才能增加新的群体呢？有的同样营群体生活的昆虫，如蚂蚁初春产生有翅处女雌蚁和雄蚁，在一个晴朗的日子里，一个处女雌蚁和雄蚁交配后，另营新巢，由交配成功的雌性繁殖后代，这时雌蚁必须承担采集食物、哺育幼虫、建筑巢穴的一切工作。待子代发育成虫后，才逐渐转成专职产卵的蚁王。蚂蚁群体虽然同样具有复杂的社会化生活，但必须回到单个雌性交配后繁殖后代的传统模式来增加新群体。

　　蜂群增加新群采用群体分裂（蜂）的方式实现。新群体的产生不是由一对雌、雄性个体交配后自立巢穴形成，而是由老蜂王带一半工蜂、雄蜂去建造新巢，称为分蜂。这种繁殖特性与蚂蚁不同，是通过整个蜂群一分为二来实现。老蜂王把老巢留给新蜂王，老巢中有丰富的食物、众多工蜂、坚固的巢脾，新蜂王专司产卵，其他工作由留下的工蜂承担，这样新蜂群立即能强壮起来。老蜂王在新址建好巢房后，如果产卵能力下降，工蜂就建造一个单王台，这王台比春、夏间分蜂时建造的王台大，培育出优良的处女王。处女王交配成功后，与母亲共营蜂群，几个月后老王死去，变为新王群，这叫更替。在社会性昆虫中，唯有蜜蜂属的种类是通过群体的分裂来增殖新群体。这种繁衍方式在进化上比传统的依靠单雌繁殖方式更高一筹，在昆虫界中是最先进的繁殖方式。

1.4.3 蜂巢内温、湿度调节

蜂群巢脾的两面营造有许多小巢房，这些巢房是供蜂王产卵、卵变成幼虫、幼虫到蛹到成蜂的育儿室。卵的孵化、幼虫的成长、蛹的羽化都必须在 34～35℃下才能完成，因此巢内需保持恒定的温度。在非哺育区巢脾的温度也需在 25℃度以上，在冬天为了蜂群的生存，群内温度不能低于 14℃。同时巢内的相对湿度不低于 75%。因此调控巢内温、湿度是蜂群一项重要特征，是其他昆虫都不具备的高级生物特性，笔者测出中华蜜蜂冬季蜂群内温、湿度状况如表 1-1。

表 1-1　中华蜜蜂冬季蜂群内温、湿度

群号	群势数/框	部位	温度/℃				波动范围/℃
			10:00	12:00	14:00	16:00	
1	4	中心	26.7	24.5	28.0	26.0	3.5
		边缘	14.0	14.0	15.0	14.0	1.0
2	4	中心	25.5	24.5	27.0	25.0	2.5
		边缘	13.0	14.0	14.5	13.5	1.5
3	5	中心	26.5	26.5	28.0	27.5	1.5
		边缘	15.0	14.0	14.0	15.1	1.1
4	4	中心	27.0	28.0	25.5	26.5	2.5
		边缘	14.0	14.5	15.0	14.5	1.0
环境温度/℃			−2.0	1.0	1.5	−1.0	3.5
环境湿度			70%	50%	78%	72%	28%

蜂群是用什么方法来实现温、湿度调控呢？当巢外气温在 30℃以下时，工蜂紧附在子脾上，通过吃蜜转化的热量，升高体温，使子脾达到 35℃上下。当外界气温高于 33℃，工蜂散开子脾，并扇动双翅鼓风降温，外界气温越高，参加扇风的工

蜂就越多。冬天当外界气温降到 10℃ 以下，蜂群开始结团。

在蜜蜂活动季节，蜂群在巢内处于松散状态。当气温下降时，蜜蜂逐渐开始聚集成团。蜂团外缘表层形成厚度为 25～75 毫米不等的外壳，蜜蜂体壁和绒毛形成了蜂团的绝热体，减少蜂团热量散失。蜂群越冬停卵阶段巢内无子脾，蜂团中心温度变化介于 14～28℃ 之间，蜂团表面维持在 6～8℃。当蜂团中心温度下降到 14℃ 时，蜜蜂便集体加强代谢耗蜜产热，使蜂团的中心温度上升，达到 24～28℃ 时蜜蜂停止产热，并吸食蜂蜜。越冬蜂团外壳虽然紧密，内部却比较松散，并且蜂团的下部和上部厚度较薄，有利于空气在蜂团内部流通。越冬蜂团的紧缩程度与外界气温有关，天气越冷，蜂团收缩得越紧。正常情况下，蜂团处于 7℃ 的环境下，耗蜜最少。蜜蜂低温下结团的紧密程度还与光亮度有关。在恒定低温的条件下，光线可使蜂团相对松散，而由于松散的蜂团散热较快，就需要消耗更多能量来维持蜂团外表的温度。因此，越冬蜂团应避免受光线刺激。

在蜂箱中蜂群结团部位由巢门位置、外部温度和饲料位置等条件决定。巢门是新鲜空气的入口，所以蜂团多靠近巢门，强群比弱群更靠近巢门。室外蜂群的越冬蜂团一般靠近受阳光照射的一面。双群同箱饲养的蜂群，越冬蜂团出现在闸板两侧。蜜蜂最初结团常在蜂巢的中下部，随着饲料的消耗蜂团逐渐向巢脾上方有贮蜜的地方移动。当巢脾上方的贮蜜消耗空后，就向邻近的蜜脾移动。蜂团移动时，必须增加耗蜜使蜂团外壳温度升高，一旦蜂团接触不到贮蜜，就会有饿死的危险。因此，越冬蜂巢的布置应根据蜂团移动的特性，以 5～7 个脾越冬对蜂群最安全，此时蜂团可以沿巢脾之间的蜂路向上移动，保证蜂团始终与饲料接触。

1.4.4 蜂王的习性

处女蜂王从王台中羽化出房后，首先爬到蜜房吸吮蜂蜜使身体强壮起来，当能够在巢脾上自由行走时，即寻找其他封盖王台，用螫针刺入杀死未羽化的其他处女王。若两个处女王在巢脾上相遇则立即互相厮杀，直至一个死亡为止。出房后 3～4 日，处女王开始出巢试飞和认巢飞翔。7 日后进行婚飞。婚飞的距离可达 1～2 千米，高度 30～50 米。处女王交配成功后，卵巢立刻膨大，使腹部膨大 1～2 倍，无法再出外飞翔，并开始产卵。

蜂王产卵一般从蜂巢中心开始，这也是蜂巢中蜜蜂最集中的地方。然后蜂王产卵以螺旋顺序扩大，再依次扩展至邻近巢脾。在每一巢脾中，产卵范围常呈椭圆形，养蜂术语上称为"产卵圈"，或简称为"卵圈"。中央巢脾的卵圈最大，左右巢脾依次稍小。若以整巢的产卵区而论，则常呈一椭圆形球体。产卵圈的大小和产卵圈内的空巢房数量，可反映出蜂王产卵力。一般情况下，产卵圈大、卵圈内空巢房少，且子脾同一区域的卵虫蛹发育一致，表明蜂王产卵力强。

蜂王产卵量受诸多因素影响，主要与品种、亲代的产卵性能、个体生理特点、蜂群内部状况以及环境条件等有密切的关系。同一蜂王产卵力的变化，主要取决于其食物和营养的摄取。蜂王食料的供应，又取决于群势、蜜粉源以及气候等条件。因此，在处于不同群势、不同蜜粉源、不同季节的条件下，蜂王的产卵力常随之变化。例如，在酷暑或严冬，或当食料缺乏时，蜂王常停止产卵，此乃蜜蜂种群生存适应的表现。

笔者测定了北京中蜂有效产卵量，日均产卵为 600～900 粒，最高达 1067 粒。

意蜂的产卵力比中蜂强。意蜂蜂王有效产卵量日平均最高达 1587 粒，以单日产卵量计算最高可达 2000 粒以上。

卵有大小差别，用较大的卵培育的蜂王，其体重、卵巢管数量、产卵量增加，交配和产卵时间提前。卵的大小，除了与蜂王发育和遗传因素有关外，更受到产卵速度影响，产卵速度慢产出的卵较大。在人工育王时，可以人为限制蜂王产卵，以增加卵重。

处女王一般不产卵，但因未交配，长期保持"处女"状态时，也会产卵，但产下的卵为未受精卵，这种现象称为孤雌生殖。蜜蜂孤雌生殖所产生的卵，多发育成雄蜂。

蜂王除产卵外，通过上颚腺分泌"蜂王信息素"，这种信息素由多种羟基酸组成，主要成分是反式-9 羟基-2-癸烯酸（9-HAD）。在巢脾上，随着蜂王的爬行，其周围总有 $10\sim15$ 只工蜂组成的侍从圈，经常接触和喂饲蜂王，又从蜂王处获得蜂王信息素。通过工蜂之间频繁传递食物，蜂王信息素就能在群体中普遍传递，使全群工蜂知道蜂王存在。蜂王信息素能够抑制工蜂的卵巢发育和筑造蜂王房（王台）的活动，从而保持群体的正常活动。如果失去蜂王，蜂群很快变得混乱，出外采集工蜂迅速减少，几天以后少数工蜂就会代替失去的蜂王产卵，但产出是未受精卵。未受精卵只能孵出小型的雄蜂，无法扩大群体及传宗接代，这时整个蜂群就面临覆灭的危险。

蜂王通过其产卵力和外激素分泌直接影响蜂群的繁殖力和生产力。正常蜂群只有一只蜂王，而这只蜂王在蜂群中的作用是其他成员不可替代的，所以蜂王对蜂群和养蜂生产都是非常重要的。

在自然条件下，蜂王的寿命可达数年，但是中蜂蜂王一年后、意蜂蜂王一年半后产卵力便开始下降，所以，除了种用蜂王需要多年考察鉴定外，生产性用蜂王一般一年或一年多就需更换。转地放蜂的蜂群，蜂王几乎持续产卵，这样的蜂王衰老更快，需要一年更换 $1\sim2$ 次。

1.4.5　雄蜂的习性

雄蜂多出现于晚春和夏季，消失于秋末，每群有数百只。虽然有机会与蜂王交尾的雄蜂十分有限，但众多的雄蜂乃是保证处女王得以顺利完成交配的重要条件。

　　雄蜂具有发达的是复眼、嗅觉器等感觉器官和双翅，以便在空中追逐处女王。另一方面，它不具采集花蜜和花粉的构造，也不具蜡腺、王浆腺和臭腺，不能承担蜂群中的任何工作。雄蜂出房 10 天才开始进行婚飞，飞的最快又最强壮的雄蜂才有机会与处女王交配，交配时雄蜂伏在处女王背部，伸出尾部阴茎，插入处女王阴道（如图 1-8）。雄蜂反转到另一头，尾部阴茎插入阴道后常不能脱落，而双双落地。雄蜂挣扎后，将雄性生殖器官和贮精囊脱落留在处女王尾部被带回蜂巢，不久后死亡。若未因交配死去，存活到秋末，老雄蜂多数被驱逐出巢脾而死亡。

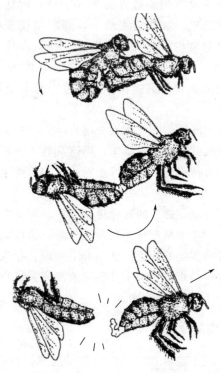

图 1-8　雄蜂在空中与处女蜂王交配（引自周冰峰）

过去不少报道称雄蜂是依靠工蜂喂饲。笔者观察到雄蜂主要靠自己取食在巢房中的花蜜，并不是懒汉。雄蜂的存在可以减少蜂王产未受精卵，维持工蜂正常活动。

雄蜂交配最适宜的时期，养蜂术语称"雄蜂青春期"，意蜂为出房后第 12～第 27 天，中蜂为出房后第 10～第 25 天。移虫育王时必须考虑与雄蜂青春期相适应，以便使处女王正常交尾。在生产实践中，养蜂生产者总结出"见到雄蜂出房，才可着手移虫育王"的观点是有科学依据的。

雄蜂在认巢飞翔前只取食少量的蜂蜜，而交配飞行前却要进食大量的蜂蜜。据观察，雄蜂出巢交配前都接受了工蜂饲喂的白色饲料。雄蜂飞行距离一般不超过 3 千米，飞行速度约为 9.2～16.1 千米/小时，有时肉眼可观察到聚成彗星状的黑点在空中急速移动、旋转，这是一簇正在追逐处女王的雄蜂。有时处女王在飞行中突然转向，使雄蜂失去追逐目标，彗星状的雄蜂簇解散，但不久又会形成新的追王雄蜂簇。

意蜂雄蜂常在下午 14～16 时出巢飞翔，中蜂稍迟 1～2 小时。雄蜂飞行时会发出响亮的"嗡嗡"声，很容易与工蜂区别。雄蜂出巢时间、天气条件与处女王婚飞基本一致。雄蜂一生中，平均要做 25 次飞行，出巢飞行的雄蜂约有 96％回巢。雄蜂每天出游次数与天气状况有关：天气晴暖，一天可出游 3～4 次，每次飞行后回巢饱食蜂蜜后又再次出游；而在多云的天气里，每天出游次数减少；气温低于 16℃时，雄蜂就不再出游。一定区域内不同蜂场性成熟的雄蜂，常在某一固定的空域聚集，等待处女王。这一聚集雄蜂的区域称为雄蜂聚集区，但雄蜂聚集区形成的机制还不完全清楚。

在蜜粉源充足的环境中，雄蜂寿命可达 3～4 个月。在外界蜜源缺乏时，有时工蜂驱逐部分雄蜂。在秋冬季节，蜂群内失去了蜂王，或者只有处女王，或蜂王伤残衰老的情况下，工蜂并不驱逐雄蜂，而保留它们在巢内过冬。非正常蜂王和产卵工蜂在工蜂巢房中产下的未受精卵培育出来的雄蜂个体较小，这可能是工蜂巢房限制了发育空间和饲料不足的影响所造成的，然而，这些雄蜂完全能够产生有活力的精子。

1.4.6　工蜂的工作和分工

刚羽化出房的工蜂身体柔软，灰白色，经数小时后，逐渐硬挺起来。幼蜂在3日内主要担负保温、扇风和清理巢房等工作；4天后能调制粉蜜，饲喂大幼虫，并开始重复多次地认巢飞翔及第一次排粪。

青年蜂是指8～20日龄，担任巢内主要工作的工蜂。在这一日龄段，工蜂生理发育的最大特征是王浆腺和蜡腺发达。青年蜂主要承担饲喂小幼虫和蜂王、清理蜂巢、拖弃死蜂或残屑、夯实花粉、酿蜜、筑造巢脾、使用蜂胶、守卫蜂巢等大部分巢内工作。

壮年蜂是指从事采集工作的主力工蜂。采集工作是逐步发展的，一般20日龄后采集力才充分发挥。采集蜂主要采集花蜜、花粉、树脂或树胶、水和无机盐等，极个别情况下也会采集一些粉、蜜的替代物，如甘露或蜜露、禾本科植物的霉菌等。适龄采集蜂是指处于采蜜能力最强日龄段的工蜂，这与壮年蜂的概念比较接近。在大流蜜到来时，蜂群中的适龄采集蜂的数量和比例，是蜂蜜优质高产的关键因素。

老年蜂是指身上绒毛已磨损，呈光秃油黑的工蜂。老年工蜂从日龄上还没有人给予明确界定，这是一个比较复杂的问题，工蜂进入老年阶段的日龄，与其寿命和前期的采集强度密切相关。老年蜂多从事寻找蜜源、采水、采胶等工作。

工蜂所从事的工作具有很大的灵活性，可根据蜂群需要调节，并且可在同一段时间内从事多种活动。

实际上，工蜂的活动非常复杂，除了受生理发育影响外，还与蜂群的社会需要、环境和体内的刺激等有关。越冬后的部分工蜂，王浆腺或蜡腺可再度发育，分泌王浆或蜂蜡，从事哺育工作或修筑巢脾；在人为组织的幼蜂群中，5～6日龄的工蜂就能出巢采集。正在从事巢内其他工作的蜜蜂，受外勤蜂采回去的花蜜的刺激，可能会转向接受花蜜的工作。由于蜜蜂活动的灵活性，蜜蜂分工也很复杂。

虽然工蜂可根据蜂群的社会需要调节其社会分工，但适龄的工蜂从事相应的工作更能发挥其效率。如果从事与其日龄不相应的工作则效率较低，如：越冬后的王浆腺再度发育的工蜂，其哺育力远远低于春季的哺育蜂，一只越冬蜂可育虫 1～1.2 只，春天的新蜂可育虫 3.85 只；受外界大流蜜刺激或采集蜂不足，青、幼年蜂都可能参加采蜜活动，但是这些蜜蜂的采蜜量不如适龄采集蜂。

工蜂具识别蜂巢方位能力，用圆形舞和八字舞指引伙伴去采集。工蜂能通过翅膀振动发出不同频率声波而互相联系。工蜂在守卫蜂巢时若遭到敌害，立刻从尾部释放警戒物质（又称警戒信息素），招呼其他工蜂共同御敌。

工蜂寿命随采集活动的强度而变化，春、夏开花季节约 50 天，冬天约 150 天。

第2章
意大利蜜蜂养殖技术

2.1　如何建立意大利蜜蜂养蜂场

2.1.1　怎样购买蜂群

购买蜂群是建场第一步，一般购买 15～20 群为宜，利用这些基本群再发展。买蜂一般都在早春，这时价格虽贵，但蜂群能够很快发展，且隐藏在蜂群中的各种病症容易被发现。秋末虽然容易购买到蜂群，价格也便宜，但冬季长江以北的地区的蜂群死亡率很高，而且要加喂许多越冬饲料，实际上加大了购买成本。

挑选蜂群首先要看子脾空房数量，空房多的表明蜂王已衰老，或者受精不足。其次检查是否有疧腐病、麻痹病、孢子虫病，有病的蜂群表明抗病能力差，不宜购买。另外看工蜂体色是否一致，体色杂乱的多为杂交后代，生产能力低。群势大小不是主要评价标准，早春有 3 框蜂量、巢内有部分存蜜即可购买。

2.1.2　选定蜂场场址

蜂场应安置在离住宅 50 米以上的坡地上，场地大小以半亩❶地为宜。蜂场应用篱笆围上，以防家禽、家畜和儿童进

---

❶ 1 亩 = 667 米²。

18

入。北方不少农户为了防偷，将蜂场放在住宅庭院内，这样影响人的活动，也不利蜂群的活动。

2.1.3　购置饲养工具

工具主要有蜂箱、巢框、巢础、分蜜机、面网、起刮刀、喷烟器等。养蜂用具在蜂业市场上都能购买到，只是在品质上有差异。

2.1.3.1　蜂箱

又称郎氏蜂箱，是目前国内外使用最为普遍的一种蜂箱（图 2-1）。

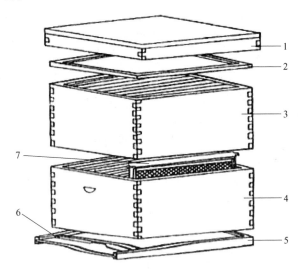

图 2-1　十框蜂箱及其各部分构造

1—箱盖；2—副盖；3—继箱；4—巢箱；5—箱底；6—巢门档；7—巢框

箱盖　又称大盖，犹如蜂箱的房顶。用 20 毫米厚的木板制作，内围长 516 毫米，宽 430 毫米。顶板上一般外覆白铁皮、铝皮或油毡，以防雨水和保护箱盖。

副盖　又称内盖或子盖，是覆在箱身上口的内部盖板，犹如房顶内部的天花板。副盖用厚 10 毫米的木板或铁纱框制成，四周有宽 20 毫米、厚 10 毫米的边框。外围尺寸与巢箱的外围尺寸相同。纱盖框的副盖使用得很普遍，为了利于通风，它是用厚 20 毫米、宽 25 毫米的木条先制成框架，再在框架上覆以 16～18 目铁纱。

巢箱与继箱　巢箱与继箱统称为箱身（或箱体），其结构、尺寸一样，放在箱底上的叫巢箱，放在巢箱上的叫继箱。其内围尺寸长 465 毫米，宽 380 毫米（右下），高均 243 毫米。巢箱主要用于繁殖；继箱主要用于贮蜜，生产王浆、巢蜜等。

箱底　一般箱底与巢箱固定成一体，也有不固定的叫活动箱底，它的"Ⅱ"形外框的里面有沟槽，槽内嵌入箱底板，由于沟槽不在中央，底板嵌入后，一面高 22 毫米，另一面高 10 毫米。夏季和气温高时，用 22 毫米的一面与巢箱配合，可扩大下蜂路；冬季和气温较低时，用 10 毫米的一面与巢箱配合，可缩小下蜂路。箱底与巢箱配合后，底板均在巢门口前面伸出 80 毫米的巢门踏板，用于蜜蜂进出时起落，也便于安装巢门饲喂器和巢门式花粉截留器等。

巢门档　巢箱与箱底配合后，可以用巢门档调节蜜蜂出入口的大小。对固定箱底一般用复式巢门档。木条上开有两个大小不同的凹槽，槽内有活动小板条。在繁殖和采蜜季节蜜蜂出入量大，可以用整个巢门档来调节。其他季节靠两小板条来调节。

蜂箱四壁最好选用整板，若用拼接板必须制成楔口拼接，四壁箱角处采用鸠尾榫或直角榫连接。蜂箱表面可涂刷白漆或桐油。各部分都应表面光滑，没有毛刺，避免饲养操作及运输过程中伤及手脚、衣物。

2.1.3.2　巢框

巢框是木制的框架，上边称上梁，下边称下梁，两边称侧条（图 2-2）。巢框能固定巢础，使蜜蜂修筑而成巢脾。框架必须坚固，因巢脾贮满蜂蜜时可重达 2.5～3 千克，运输时巢脾还经受着摆动与跳动。

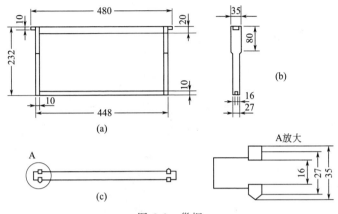

图 2-2　巢框

（a）正面观；（b）侧条；（c）侧条与上梁连接的形状

巢框是蜂箱构件中的核心部件，制作巢框时，尺寸必须按图纸规格严格要求，否则巢框在各蜂箱之间不能互换，将会给饲养管理、养蜂机具的应用等方面带来极大的麻烦。

上梁的两端是框耳，将框耳搁在蜂箱的铁引条上，可使巢框悬挂在蜂箱中，框的上下、前后、左右都有合适的蜂路。在上述的巢箱、继箱内，都可放置 10 个巢框，十框蜂箱也由此而得名。十框蜂箱的巢框内围尺寸长 428 毫米，高 202 毫米。按正反两面每平方分米含有 857 个工蜂房计，一个巢框就可提供约 7000 个工蜂巢房。每个巢箱含 10 个巢框，约有 7 万个巢房供蜂王产卵、蜂群贮存蜂蜜和花粉等之用。

带蜂路的巢框是两侧条与上梁连接的突出部分一边为尖角，另一边为平角。平时保持框间蜂路，运输时巢框之间要排紧，侧条间的尖角与平角相互顶住，使巢脾间减少碰撞，保护巢脾与蜜蜂。

不带蜂路的巢框，其两侧条上下一样宽，侧条与上梁连接处不突出，而是用突出的薄铁皮（或塑料制品）固定连接处。

这铁皮称为巢框距离夹，它既保持框间蜂路，又使巢框坚固耐用。每一侧条的正中线上有3～4个小孔，沿巢框长度方向穿入24～26号铅丝，巢础借铅丝固定于巢框之中。

2.1.3.3　其他用具

面网：又称面罩，在接触蜂群或管理蜂群时，套在头、面部，可防护人体的头、面、颈部免遭蜜蜂的针螫。我国目前使用的面网一般是白色棉网纱或尼龙网纱，在前脸部分配上一块黑色丝质的网纱，这种面网称为圆形不戴帽面网（图2-3）。

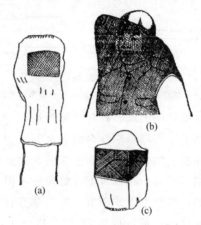

图 2-3　三种类型的面网
（a）圆形不戴帽面网；（b）圆形戴帽面网；（c）方形戴帽面网

起刮刀：起刮刀是管理蜂群时经常使用的一种小工具。一般长约200毫米，一头宽35毫米，另一头宽40毫米，中间宽25毫米，中间厚5毫米。由于蜜蜂喜欢用蜂胶或蜂蜡粘连巢箱、巢框的隙缝，在检查蜂群、管理蜂群、提脾取蜜等操作时，必须使用起刮刀来撬开被粘固的副盖、继箱、隔王板和巢脾等。此外，起刮刀还可用来刮除蜂胶、蜂蜡，清除污物，以及钉小钉子、撬铁钉、塞起木框卡等，用途非常广泛（图2-4）。

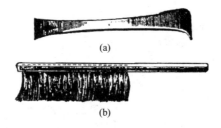

(a)

(b)

图 2-4　蜂业常用工具

（a）起刮刀；（b）蜂刷

蜂刷：又称蜂帚，是用来刷除附着在巢脾、育王框、箱体及其他蜂具上的蜜蜂的工具。刷柄用不变形的硬木制作，嵌毛部分长 210 毫米，刷毛长 65 毫米。使用时要不时将刷毛用水洗涤。

喷烟器（图 2-5）：又称熏烟器。蜜蜂害怕烟雾，遇到烟雾会进入警戒状态而安静下来。人们利用这一特性制成能喷发烟雾的装置，是驯服蜜蜂的最好工具（主要用于西方蜜蜂种）。在检查蜂群、采收蜂蜜合并蜂群时向蜂群喷些烟雾让蜜蜂安静下来，便于操作。全器分为发烟筒与风箱两部分。使用时将燃料放置炉栅上，在燃烧室燃烧，从风箱部分向燃烧室底部输送空气，烟雾即从喷烟嘴喷出。

埋线器（图 2-5）：安装巢础时将框线压入巢础内最常用的工具是齿轮埋线器。它由齿轮、叉状柄与手柄三部分组成。使用前将齿轮加热，埋线时将齿轮顶部中央的小凹沟对准框线向前滚动齿轮，用力须得当，以防止穿线压断巢础或浮离在巢础表面。

还有一种电热埋线器，用一只功率为 100 瓦的变压器，将 220 伏交流电降至 12～24 伏，输出端的两极有导线与单柱插头引出。使用时将通电后的两个单柱插头分别点在巢框穿线的两端，靠穿线通电后的发热熔蜡，将四根穿线同时埋入巢础内。

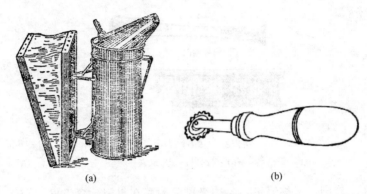

(a)　　　　　　　　　　　(b)

图 2-5　喷烟器和埋线器

（a）喷烟器；（b）埋线器

2.2　基本养殖技术

2.2.1　蜂箱的排列和颜色

蜂箱是蜂群居住的场所，在蜂场中一般一个蜂箱代表一群蜜蜂。

2.2.1.1　蜂箱的摆放

蜂群的位置体现在蜂箱的排列上，通常二个蜂箱间隔30～50厘米，前后排相隔1米为宜。但在场地狭小情况下，两箱之间可靠近一些成一列摆放。在放蜂场地也可以互相围成圆形，巢门向外。但这种排列方式，多少都会导致工蜂发生偏集，应及时调整。

2.2.1.2　蜂箱的颜色

为了减少工蜂迷巢而产生偏集，每个蜂箱的箱体应涂上不同颜色，或者同一颜色不同形状的相嵌，主要是黄、绿、白三种色素，红色不能使用。以便回巢工蜂认识本群的巢门（彩

图 2）。

2.2.2 蜂群的检查

为了掌握蜂群状况，以便采用不同管理措施，就必须检查蜂群。

2.2.2.1 箱外观察

蜂群的内部情况在一定程度上能够从巢门前的一些现象反映出来。因此，通过箱外观察工蜂的活动和巢门前蜂尸的状况，就能大致推断蜂群内部的情况。这种了解蜂群的方法随时都可以进行，尤其是在特殊的环境条件下蜂群不宜开箱检查时，箱外观察更为常用。

（1）采蜜情况 全场的蜂群普遍出现外勤工蜂进出巢繁忙、巢门拥挤、归巢的工蜂腹部饱满沉重、夜晚扇风声较大的情况，说明外界蜜源泌蜜丰富，蜂群采酿蜂蜜积极。蜜蜂出勤少，巢门口的守卫蜂警觉性强，常有几只蜜蜂在蜂箱的周围或巢门口附近窥探以伺机进入蜂箱，这说明外界蜜源稀绝，已出现盗蜂活动。在流蜜期，如果外勤蜂采集时间突然提早或延迟，说明天气将要变化。

（2）蜂王状况 在外界有蜜粉源的晴暖天气，如果工蜂采集积极，归巢携带大量的花粉，说明该群蜂王健在，且产卵力强。如果蜂群出巢怠慢，无花粉带回，有的工蜂在巢门前乱爬或振翅。有失王的可能。

（3）自然分蜂的征兆 在春、夏之交，有个别强群很少有工蜂进出巢，却有很多工蜂拥挤在巢门前形成蜂胡子，此现象多为分蜂的征兆。如果大量蜜蜂涌出巢门，则说明分蜂已经开始。

（4）群势的强弱 当天气、蜜粉源条件都比较好时，有许多蜜蜂同时出入，傍晚大量的蜜蜂拥簇在巢门踏板或蜂箱前壁，说明蜂群强盛；反之在相同的情况下，进出巢的蜜蜂比较少的蜂群，群势就相对弱一些。

（5）巢内拥挤闷热 在繁殖季节，许多工蜂在巢门口扇风，傍晚部分工蜂不愿进巢，而在巢门周围聚集，这种现象说明巢内拥挤闷热。

（6）发生盗蜂 当外界蜜源稀少时，有少量工蜂在蜂箱四周飞绕，伺机寻找进入蜂箱的缝隙，表明蜂场已有盗蜂发生。个别蜂箱的巢门前秩序混乱，工蜂抱团厮杀，表明盗蜂已开始进攻被盗群。如果巢前的工蜂进出巢突然活跃起来，仔细观察发现进巢的工蜂腹部小，而出巢的工蜂腹部大，这些现象都说明发生了盗蜂。

（7）农药中毒 工蜂在蜂场激怒狂飞，性情凶暴，并追螫人、畜，头胸部绒毛较多的壮年工蜂在地上翻滚抽搐，尤其是携带花粉的工蜂在巢前挣扎，此现象为农药中毒。

（8）蜂螨害严重 巢前不断地发现有一些体格弱小、翅残缺的幼蜂爬出巢门，不能飞，在地上乱爬，此现象说明蜂螨危害严重。

（9）病害状况 巢门前有体色特别深暗、腹部膨大、飞翔困难、行动迟缓的蜜蜂，并在蜂箱周围有大量稀薄的蜜蜂粪便，这是蜂群患下痢病的症状。

（10）蜂群缺盐 见到该工蜂在厕所小便池采集，则说明蜂群缺盐。工蜂在蜂场附近活动的人头发和皮肤上啃咬汗渍，说明蜂群缺盐严重。

2.2.2.2 直接检查

直接检查是饲养蜜蜂经常性工作，分局部检查和全面检查，检查蜂群应使用正确提脾方法，如图2-6。

（1）局部检查 局部检查，就是通过抽查巢内1～2张巢脾，判断蜂群的情况。局部检查由于不需要查看所有的巢脾，可以减轻养蜂人员的劳动强度和对蜂群的干扰。蜂群的局部检查特别适用于在外界气温低，或者蜜源缺少、容易发生盗蜂等

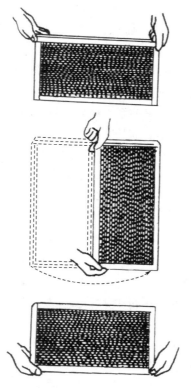

图 2-6　检查蜂群的提脾方法（引自诸葛群）

不利的条件下。局部检查主要了解贮蜜，蜂王，蜂、脾比例，幼发育等情况。依据检查目的，而选择提脾的部位，如了解蜂群的贮蜜多少，只需查看边脾上有无存蜜。如果边脾有较多的封盖蜜，说明巢内贮蜜充足。如果边脾贮蜜较少，可继续查看隔板内侧第二张巢脾，若巢脾的上边角有封盖蜜，则说明蜂群暂不缺蜜，如果边二脾贮蜜较少，则需及时补助饲喂。

　　检查蜂王情况应在巢内育子区的中间提脾。如果在提出的巢脾上见不到蜂王，但巢脾上有卵和小幼虫而无改造王台，说明该群的蜂王健在。封盖子脾整齐、空房少，说明蜂王产卵良好。倘若既不见蜂王，又无各日龄的蜂子，或在脾上发现改造王台，看到有的工蜂在巢上或巢框顶上惊慌扇翅，这就意味着该群已经失王。若发现巢脾上的卵分布极不整齐，一个巢房中有好几粒卵，而且东倒西歪，卵黏附在巢房壁上，这说明该群失王已久，工蜂开始产卵；如果蜂王和一房多卵现象并存，这说明蜂王已经衰老或存在着生理缺陷，应及时淘汰。

检查蜂群的蜂、脾关系，确定蜂群是否需要加脾或抽脾。通常抽查隔板内侧第二张脾，如果该巢脾上的工蜂达 80％～90％，蜂王的产卵圈已扩大到巢脾的边缘巢房，并且边脾是贮蜜脾，就需要加脾；如果巢脾上的蜜蜂稀疏，巢房中无蜂子，就应将此脾抽出，适当地紧缩蜂巢。

检查蜂子的发育，一要查看幼虫营养状况，二要查看有无患幼虫病。从巢内育子区的偏中部提 1～2 张巢脾检查。如果幼虫显得湿润、丰满、鲜亮，小幼虫底部白色浆状物较多，封盖子面积大、整齐，表明蜂子发育良好。若幼虫干瘪，甚至变色、变形或出现异臭，整个子脾上的无大幼虫、封盖子混杂，封盖巢房塌陷或穿孔，说明蜂子发育不良或患有幼虫病。若脾面上或土蜂体上可见大小蜂螨，则说明蜂螨危害严重。

(2) 全面检查 蜂群的全面检查就是开箱后将巢脾逐一提出进行仔细查看，全面了解蜂群内部状况的检查。由于需查看的巢脾数量也多，开箱时间较长，在低温的季节，特别是在早春或晚秋，严重引起蜂群的巢温的下降，在蜜源缺乏的季节容易引起盗蜂，而且工作的劳动强度大，因此，全面检查不宜经常进行。全面检查一般只在春、夏之交的繁殖期，主要蜜源花期始末以及秋季换王和越冬前后进行。

全面检查中发现的问题，应及时处理，如毁台、割除雄蜂、加脾、加础、抽脾等。不能处理的，应做好记号，待全场蜂群全部查完毕之后再统一处理。

每群全面检查完毕，都应及时记录检查结果，即将蜂群内部的情况分别记入蜂群检查记录表（简称定群表）中。蜂群检查记录表能充分反映在某一场地不同季节蜂群的状况和发展规律，是评定蜂王品质、制定蜂群管理技术措施和养蜂生产计划的依据，所以，蜂群的检查记录表应分类整理、长期妥善保存。蜂群的检查记录表分为蜂群检查记录分表（表2-1）和蜂群检查记录总表。

表 2-1　蜂群检查记录表

第_____号蜂群　　　　　　　　蜂王出生日期
上代母群第　　号

检查日期			蜂王情况	蜂量（框）	巢脾数（脾）					病虫害情况	备注
年	月	日			共计	子脾	蜜粉脾	空脾	巢框		

（3）检查蜂群注意事项

① 开箱检查时间不能太长，开箱时间长不但影响巢温，而且还会影响对蜜蜂幼虫的哺育和饲喂，并容易引起盗蜂。酷暑期开箱应在早晚气温稍低时进行，大流蜜期开箱要避开采集工蜂出勤的高峰期。

② 外界蜜源缺乏季节不轻易开箱，如果必须开箱，也只能在蜂群不出巢活动之时进行。

③ 开箱时，养蜂人员身上切忌带有葱、蒜、汗臭、香脂、香粉等异味，或穿戴黑色或深色毛质的衣帽，因为这些工蜂厌恶的气味和颜色，容易引起工蜂激怒而行螫。

④ 开箱操作时力求仔细、轻捷、沉着、稳重，做到开箱时间短、提脾和放脾直上直下，不能压死和扑打工蜂以及挡住巢门。打开箱盖和副盖、提脾、放脾都要轻稳，面对巢脾时不宜喘粗气或大声喊叫。

⑤ 如果被蜂螫，需沉着冷静，不能惊慌，应迅速用指甲刮去螫刺。手提巢脾被螫时，可将巢脾轻稳放下后再处理，切不可将巢脾一扔了事。被螫部位因留有报警外激素的痕迹，很

容易再次被螫刺，所以被螫部位刮去螫刺后，最好及时用清水或肥皂水洗净擦干。有严重过敏反应者，应及时送往医院急救。

⑥ 交尾群开箱，只能在早晚进行。中午前后往往是处女王外出交尾的时间，如果此时开箱查看，容易使返巢的处女群错投他群而死亡。

⑦ 刚开始产卵的蜂王，常会在开箱提脾时惊慌飞出。遇到这种情况，切不可试图追捕蜂王，而应立即停止检查，将手中巢脾上的蜜蜂顺手抖落在蜂箱巢门前，放下巢脾，敞开箱盖，暂时离开蜂箱周围，等待蜂王返巢。一般情况下蜂王会随着飞起的工蜂返回巢内。蜂王返巢后，应迅速恢复好箱盖，不宜继续开箱，以免使惊慌的蜂王再度飞起。

2.2.3 巢脾的建造和保存

2.2.3.1 加础造脾

(1) 蜂群泌蜡造脾的条件和特点

① 外界气温稳定，一般要求在 20~25℃。

② 蜂群大量采集粉蜜，巢内粉蜜充足。

③ 蜂群处于增长阶段，蜂王产卵力强，巢内子脾多，巢内拥挤，需要扩巢。

④ 蜜蜂群势较强，泌蜡适龄蜂数量多，但无分蜂热。

(2) 在巢框上安装巢础的操作步骤

① 拉线 拉线是为增强巢脾的强度，避免巢脾断裂。拉线使用 24~25 号铁丝，将其拉直后剪成每根 2.3 米长的铁线段。拉线时顺着巢框侧梁的小孔来回穿 3~4 道铁丝，将铁丝的一端缠绕在事先钉在侧条孔眼附近的小铁钉上，并将小钉完全钉入侧条固定。用手钳拉紧铁丝的另一端，以用于指弹拨铁丝能发出清脆的声音为度，最后将这一端的铁丝也用铁钉固定在侧条上。

② 上础　巢础容易被碰坏，上础时应小心。将巢础放入拉好线的巢础框上，使巢框中间的两根铁线处于巢础的同一面，上下两根铁线处于巢础的另一面，再将巢础仔细放入巢框上梁下面的巢础沟中。

③ 埋线　埋线就是用埋线器将铁线加热部分熔蜡后埋入巢础中的操作。埋线前，应先将表面光滑、尺寸略小于巢框内径的埋线板用清水浸泡 4～5 小时，以防埋线时蜂蜡熔化使巢础与埋线板粘连，损坏巢础（图 2-5）。

将已上础的巢础框平放在埋线板上，调整巢础已伸入上梁巢础沟的部分，用加热的普通埋线器或电热埋线器，将铁线逐根埋入巢础中间。埋线的顺序，是先埋中间铁线，然后调整抚平巢础，再埋上、下两根铁线，以保证埋线后巢础平整。

用普通埋线器埋线时，埋线器加热后沿铁丝向前推移，使铁丝镶嵌到巢础时，用力要适当，防止铁丝压断巢础，或浮离巢础的表面。埋线后需用熔蜡浇注在巢框上梁的巢础沟槽中，使巢础与巢框上梁粘接牢固。在熔蜡壶放入碎块蜂蜡，然后将之放在电炉等炉具上水浴加热，待蜂蜡熔化后，将熔蜡壶置于 70～80℃ 的水浴中待用。蜡液的温度不可过高，否则易使巢础熔化损坏。浇蜡固定时，一手持埋线后的巢础框，使巢框下梁朝上，另一手持熔蜡壶或盛蜡液的容器，向上梁的巢础沟中倒入熔蜡。手持巢框使上梁两端高低略有不同，初时手持端略高，熔蜡从巢础沟的靠手持的一端倒入，蜡液沿巢础沟缓缓向另一端流动，熔蜡到达另一端后立即抬高巢框上梁的另一端，使蜡液停止继续向下流动。

（3）加础造脾方法　在平均气温 20℃ 以上的时候，可将巢础框直接加在蜂巢的中部。气温较低和群势较弱时，巢础框应加在子圈的外围，也就是边 2 脾的位置，以免对保持巢温产生不利的影响。加巢础框应避开气温较高的中午，以防巢础受热变形；傍晚加础还能利用蜂群夜间造脾，减轻白天的工作负担。

自然分蜂的分出群造脾能力最强。分出群造新脾又快又好，无雄蜂房，且能够连续造较多的优质巢脾。刚收捕回来的分蜂团，巢内除了放一张供蜂王产卵的半蜜脾之外，其余都可用巢础框代替。巢础框的数量根据分蜂团的群势而定，加入巢础框后应蜂脾相称。缩小脾间蜂路和巢门，奖饲糖浆，则一个夜晚就可基本造成无雄蜂房的优质新脾，第二天可提出部分新脾再加入部分巢础框，重复利用自然新分出群增加造脾的数量。

强群泌蜡工蜂多造脾速度快。故在流蜜期，每群一次可插入2～3个巢础框同时造脾，巢础框应与巢脾间隔排放。强群易造雄蜂房，尤其是在大流蜜期。为了充分利用强群的造脾能力，造出雄蜂房少的优质巢脾，可先把巢础框放入群势较弱的新王群造成础脾后，再插入强群完成。

(4) 调整蜂群和奖励饲喂　为了加快造脾速度和保证造脾完整，应保持群内蜂脾相称，或蜂略多于脾。巢脾过多，会影响蜂群造脾积极性，并使新脾修造不完整。造脾蜂群应及时淘汰老劣旧脾或抽出多余的巢脾，以保证适当密集。

利用造脾能力强的蜂群造脾，及时将造好的巢脾抽补给其他蜂群。

傍晚对加础群进行奖励饲喂，能促进蜂群加速造脾。

(5) 检查　加础后第二天检查造脾情况。变形破损的巢础框应及时淘汰。未造脾或造脾较慢，应查找原因（蜂王是否存在、是否脾多蜂少、饲料是否充足、是否分蜂热等），根据具体情况再作处理。

在造新脾的过程中，需要检查1～2次。造不到边角的新脾，立即移到造脾能力强且高度密集的蜂群去完成。如果巢础框两面或两端造脾速度不同，可将巢础框调头后放入。发现脾面歪斜应及时纠正，否则向内弯的部位会造出畸形的小巢房，而弯曲的外侧会造出较大的雄蜂房。对有断裂、漏洞、翘曲、皱折等严重变形，雄蜂房多，质量差的新脾，应及时取出淘汰，另加新巢础框重新造脾。

2.2.3.2　巢脾保存

蜂群越冬或越夏前，蜂群的群势下降，必然要从蜂箱中抽出多余巢脾。抽出的巢脾保管不当，就会发霉、积尘、滋生巢虫、引起盗蜂和遭受鼠害。巢脾保存最主要的问题是防止蜡螟的幼虫——巢虫的蛀食危害。巢脾应该保存在干燥清洁的地方，其邻室都不能贮藏农药，以免污染巢脾。由于巢脾保存需要用药物熏蒸消毒，因此，保存巢脾的地点也不宜靠近生活区。最好能将巢脾贮藏在特制的能密闭熏蒸的大橱内。大规模的蜂场应设立密闭的巢脾贮存室。一般蜂场利用现有的蜂箱保存巢脾，在贮存巢脾前需将蜂箱彻底洗刷干净。

（1）巢脾的清理和分类

① 巢脾的清理　巢脾贮存整理之前，应将空脾中的少量蜂蜜摇尽。刚摇出蜂蜜的空脾，须放到巢箱的隔板外侧，让蜜蜂将残余在空脾上的蜂蜜舔吸干净，然后再取出收存。从蜂群中抽取出来的巢脾应用起刮刀将巢框上的蜂胶、蜡瘤、下痢的污迹及霉点等杂物清理干净，然后分类放入蜂箱中，或分类放入巢脾贮存室的脾架上，并在箱外或脾架上加以标注。同类的巢脾应放置在一起，以利于以后的选择使用。

② 巢脾的分类　需要贮存的巢脾可分为蜜脾、粉脾和空脾三类保存。

（2）巢脾的熏蒸

巢脾密封保存是为了防止鼠害和巢虫危害以及盗蜂的骚扰。巢脾在贮存前很可能有蜡螟的卵虫蛹，使巢虫继续危害密封中的巢脾，为了消灭这些蜡螟及其卵虫蛹，就需要用药物熏蒸。蜡螟和巢虫在 10℃ 以下就不再活动，因此，在气温 10℃ 以下的冬季保存巢脾可暂免熏蒸。

① 二硫化碳熏蒸

二硫化碳是一种无色、透明、有特殊气味的液体，相对密度为 1.263，常温下容易挥发。气态二硫化碳比空气重，易燃、有毒，用时应避免火源或吸入。二硫化碳熏蒸巢脾只需一次，处理时相对较方便，效果好，但是成本高，对人体有害。

用蜂箱贮存巢脾，二硫化碳熏蒸巢脾时可在一个巢箱上叠加 5～6 层继箱，最上层加副盖。巢箱和每层继箱均等距排列 10 张脾。二硫化碳气体比空气重，应放在顶层巢脾。如果盛放二硫化碳的容器较高，最上层继箱还应在中间空出 2 脾的位置。蜂箱的所有缝隙用裁成条状的报纸糊严，待放入二硫化碳后再用大张报纸将副盖也糊严。底部应适当垫高防潮。

在熏蒸操作时，为了减少吸入有毒的二硫化碳气体，向蜂箱中放入二硫化碳时应从下风处或从里面开始，逐渐向上风处或外面移动。二硫化碳气体能杀死蜡螟的卵、虫、蛹和成虫。二硫化碳的用量按每立方米容积 30 毫升计，即每个继箱的用量约合 1.5 毫升。考虑到巢脾所处空间不可能绝对密封，实际用量可酌加一倍左右。

② 硫磺粉熏蒸

硫磺粉熏蒸是通过硫磺粉燃烧后，产生大量的二氧化硫气体达到杀灭巢虫和蜡螟的目的。二氧化硫熏脾，一般只能杀死蜡螟和巢虫，不能杀死蜡螟的卵和蛹，故要彻底杀灭蜡螟需待蜡螟的卵、蛹孵化成幼虫和蛹羽化成成虫后再次熏蒸。因此，用硫磺粉熏蒸需在 10～15 天要熏第二次，再过 15～20 天蒸第三次。硫磺粉熏蒸具有成本低，易购买，但操作较麻烦，易发生火灾。

燃烧硫磺产生热的二氧化硫气体比空气轻，所以硫磺熏蒸应将硫磺粉放在巢脾的下方。用蜂箱贮存巢脾，硫磺粉熏蒸时应备一个有巢门挡的空巢箱作为底箱，上面叠加 5～6 层继箱。为防硫磺燃烧时巢脾熔化失火，巢箱不放巢脾。第一层继箱仅排列 6 个巢脾，分置两侧，中央空出 4 框的位置。其上各层继箱各排放 10 张巢脾。除了巢门挡外，蜂箱所有的缝隙都用裁成条状的报纸糊严。

撬起巢门挡，在薄瓦片上放上燃烧的火炭数小块，撒上硫磺粉后，从巢门挡处塞进箱底，直到硫磺粉完全烧尽后，将余火取出。仔细观察箱内无火源后，再关闭巢门挡并用报纸糊严。硫磺熏脾易发生火灾事故，切勿大意。二氧化硫气体具有强烈的刺激性、有毒，操作时应避免吸入。硫磺粉的用量，按每立方米容积 50 克计算，每个继箱约合 2.5 克。考虑到巢脾所处空间不可能绝对密封，实际用量同样酌加一倍左右。

蜜脾和粉脾除了用保存空脾的方法消毒之外，还要防止蜂蜜从巢房溢出以及花粉发酵霉烂。因此，蜜脾应等蜂蜜成熟封盖后才能提出保存；花粉脾要待蜜蜂加工到粉房表面有光泽后再提出，同时在粉脾表面涂一层浓蜂蜜，并用塑料薄膜袋包装，以防干涸。

熏蒸保存的巢脾，使用前应取出通风一昼夜，待完全没有气味后方能使用。在养蜂生产中，常将熏蒸贮存后的巢脾用盐水浸泡 1～2 天之后用摇蜜机摇出盐水，再用清水冲洗干净晾干后使用。

（3）巢脾的使用　蜂场需配备的巢脾数量，应根据蜂种、蜂场规模、饲养方式而定。一般应按计划发展的蜂群数，每群配备 15～20 个巢脾。巢脾最多使用 3 年，也就是说每年至少应更换 1/3 的巢脾。转地饲养的蜂群，因花期连续，培育幼虫的代数多，巢脾老化快，需要年年更换新脾。

雄蜂房过多、不整齐的巢脾应及时淘汰。准备淘汰的巢脾，可逐渐移至边脾，待脾中卵虫蛹发育出房后，再移至隔板外侧，待蜜蜂把贮蜜清空后将其从蜂箱中提出。

2.2.4　蜂群的合并与调整

2.2.4.1　蜂群的合并

蜂群的合并即指二群蜂全部合并成一群蜂。

（1）合并前准备条件

① 箱位的准备　工蜂具有很强的认巢能力，将两群或几群蜂合并以后，由于蜂箱位置的变迁，有的工蜂仍要飞回原址寻巢，易造成混乱，故合并应在相邻的蜂群间进行。若需将两个相距较远的蜂群合并。则应在合并之前，采用渐移法使箱位靠近。

② 除王毁台　如果合并的两个蜂群均有蜂王存在，除了保留一只质量较好的蜂王之外，另一只蜂王应在合并前1～2天去除。在蜂群合并的前半天，还应彻底检查、毁弃无王群中的改造王台。

③ 保护蜂王　蜂群合并往往会发生围王现象，为了保证蜂群合并时蜂王的安全，应先将蜂王暂时关入蜂王诱入器内保护起来，待蜂群合并成功后，再释放蜂王。

④ 蜂群合并的时间选择　蜂群合并宜选择在蜜蜂停止巢外活动的傍晚或夜间，此时的蜜蜂已经全部归巢，蜂群的警觉性很低。

(2) 蜂群合并的方法

① 直接合并　直接合并蜂群的方法适用于刚搬出越冬室而又没有经过排粪飞翔的蜂群；及外界蜜源较丰富的季节的蜂群。合并时，打开蜂箱，把有王群的巢脾调整到蜂箱的一侧，再将无王群的巢脾带蜂放到有王群蜂箱内的另一侧。视蜂群的警觉性调整两群蜜蜂的巢脾间隔的距离，一般间隔1～3张巢脾；也可用隔板暂时隔开两群蜜蜂的巢脾，次日，两群蜜蜂的群味完全混同后，就可将两侧的巢脾靠近。

为了直接合并的安全，合并时采取混同群味的措施。所采取的措施有：向合并的蜂群喷洒稀薄的蜜水；合并前在箱底和框梁滴2～3滴香水，或滴几十滴白酒；向参与合并的蜂群喷烟；在合并之前1～2小时，将切碎的葱末分别放入需要合并的蜂群的蜂路中；将要合并的蜂群都放入同一箱后，中间用装满糖液或灌蜜的巢脾隔开。

② 间接合并　间接合并的方法适用于非流蜜期的蜂群。

间接合并主要有铁纱合并法和报纸合并法。在炎热的天气用间接合并法，在继箱上要开一个临时小巢门，以防继箱中的蜜蜂受闷死亡。

铁纱合并法：有王群的箱盖打开，铁纱副盖上叠加一个空继箱，然后将另一需要合并的无王群的巢脾带蜂提入继箱。两个蜂群的群味通过铁纱互通混合，待两群蜜蜂相互无敌意后就可撤除铁纱副盖，将两原群的巢脾并为一处，抽出多余巢脾。间接合并用铁纱分隔的时间根据外界蜜源状况而定：有辅助蜜源时只需 1 天，无蜜源时需要 2 天。能否去除铁纱，需观察铁纱两侧工蜂的行为，较容易驱赶铁纱两侧工蜂时，表明两群气味已互通，若有工蜂死咬铁纱，驱赶不散，则说明两群敌意未消除。

报纸合并法：铁纱副盖可用钻有许多小孔的报纸代替。将巢箱和继箱中的两个需合并的蜂群，用有小孔的报纸隔开，上下箱体中的工蜂集中精力将报纸咬开，放松了对身边工蜂的警觉。当合并用的报纸洞穿半天至一天后，两群蜜蜂的群味也就混同了。

2.2.4.2　蜂群的调整

蜂群的调整是蜂群间的部分合并，包括蜂量、巢脾的合并和箱内巢脾位置的调整。

(1) 蜂量的调整

① 采集蜂的调整：流蜜期之前，把一强一弱的蜂群双箱并列排放在一起，强群为采蜜主群，弱群为副群。在流蜜期中，为了把副群中的采集蜂调整到主群，以加强主群的采集力，将副群移放到其他地方，这样副群的采集蜂出巢采集后，就会飞回原巢址，进入主群中。

② 蜂量的调整：在外界蜜粉源比较丰富的季节，蜂群的警觉性低，群味差别小，调整蜂量较安全，可直接将带蜂的子脾调整到需要的蜂群。调整时需注意不能将蜂王随蜂脾调出。

调入的蜂脾放在原巢脾的外侧，并留出一个脾的位置或中间加一块隔板，1～2天后再做箱内调整。蜂脾加入时还应注意不能靠近蜂王所在的巢脾，以防发生围王。

（2）巢脾的调整 在饲养管理中，经常采用交换巢脾的方式来调整各群的饲料、子脾和群势。在调整巢脾过程中应保证蜂、脾比例相称，才不影响蜂群的保温能力和哺育能力；注意防病、虫、敌害的传染和扩散，不能从患病和螨害严重的蜂群抽调巢脾。

① 粉、蜜脾的调整：蜂场个别的蜂群缺乏粉蜜，可从粉蜜贮存较多的蜂群中抽取粉蜜脾加以补充。尤其在非流蜜期，补助饲喂容易引起盗蜂，应从强群中抽出蜜脾补给缺蜜的弱群。流蜜初期，可将已开始采集主要蜜源的蜂群中的蜜脾调整给个别不采集主要蜜源的蜂群，以促进这部分蜜蜂采集。

② 子脾的调整：子脾可分为两大类，需要哺育和饲喂的未封盖子脾和不需饲喂的封盖子脾。多数情况下，从保温能力和哺育力较差的弱群中抽出未封盖子脾，放入强群中培养；从强群中抽出封盖子脾，放入弱群以加强其群势。这样调整可有效地发挥弱群蜂王的产卵力，有利于控制强群的分蜂热。

（3）箱内巢脾位置的调整 蜂巢中心的温度稳定，所以蜂王多在蜂巢中心开始产卵，然后再向外扩展。为了使蜂王所产的卵能在稳定的温度下孵化，当蜂群度过早春恢复期后，将中间的封盖子脾向外移动，同时把大部分出房的封盖子脾或空脾调入蜂巢中间供蜂王产卵，始终保持蜂王在巢中心产卵。在气温较低的季节，巢脾的排列应保持产卵脾在正中，两侧依次是小幼虫脾、大幼虫脾、封盖子脾和粉蜜脾。

用郎氏标准箱饲养蜜蜂，当群势增长到满箱后，加上平面隔王栅后叠加继箱，然后把封盖子脾提到继箱，减少蜂箱中散发的热量。封盖子脾出房后，空脾可供蜂群贮蜜。第一次进行王浆生产，或者非强群产浆，产浆框应插在小幼虫脾之间。

2.2.5　人工育王技术

(1) 育王用的幼虫的准备　在移虫的前 10 天，用框式隔王板将种王控制在蜂巢的一侧，在该控制区内只有 3 框巢脾、1 框蜜粉脾、1 框大幼虫脾和 1 框小幼虫脾，每框巢脾上都几乎没有空巢房，迫使种王停止产卵。在移虫的前 4 天，从控制区内抽出 1 张子脾，同时加进 1 张只产过一次卵的空巢脾，让种王产卵，这样的卵便是大卵，孵化后便可用来培育处女王。

(2) 育王用具的准备　移虫前，必须把育王用具全部准备就绪，主要有如下几件（图 2-7）。

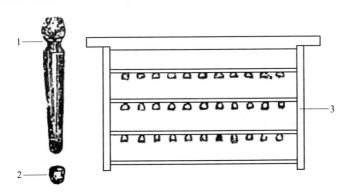

图 2-7　育王用具
1—蜡碗棒；2—蜡碗；3—育王框

蜡碗棒：长度为 100 毫米左右，蘸蜡碗的一端必须十分圆滑，该端 10～12 毫米处的直径为 8～9 毫米，木制，用以蘸制蜡碗（又称蜡盏）。

蜡碗：人工制的蜡质台基。用纯净的熔化了的蜂蜡以蜡碗棒蘸制而成的。蜡碗的深度为 10 毫米左右，碗口的直径为 8～9 毫米左右，碗底的直径为 7 毫米左右。碗口应制得薄一些，越往碗底越厚。此外，也可采用塑料制的台基。

育王框：育王框与巢框大小相同，但其厚度只有巢框上梁厚度的 1/2 多一点。框内等距离横着安上三根木条，以固定蜡碗。每根木条上等距离粘上 8～10 个蜡碗。

移虫针：弹力移虫针，鹅毛管移针（图 2-8）。

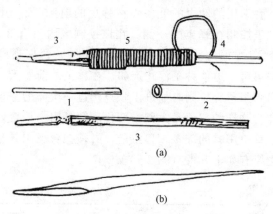

图 2-8　移虫针

（a）弹性移虫针；（b）鹅毛管移针

1—移虫舌；2—塑料管；3—推虫针；4—钢丝弹簧；5—塑料扎线

（3）组织哺育群　移虫前 2～3 天将其组织好。为保证处女王遗传的稳定性，最好用母群作哺育群。哺育群必须无病、无螨，群势强壮，至少要有 8～9 框蜂以上，并且蜂数要密集（做到蜂多于脾），饲料要充足。哺育群内的自然王台应全部毁掉。一个哺育群一次哺育 20～30 个王台为宜。

哺育群组织好以后，每晚进行奖励喂饲，如果外界蜜粉源不太理想，还应在蜜水中加进少量鸡蛋、奶粉之类的蛋白质饲料，直至王台封盖为止。

（4）移虫　使用的育王框放在任何一个蜂群中清扫 2～3 小时后，即可将它取出，进行移虫。移虫一般在室内进行，温度应保持在 25～30℃左右，并须保持一定的湿度。若气温适宜，又没有风时，也可在室外移虫，但应避免强烈的阳光照到幼虫，以免幼虫受损。

育王框插入哺育群中以后，哺育群迅速吐浆饲喂幼虫。一天后，取出育王框进行检查，已接受的，则王台加高，台中的王浆增多。未接受的则王台不加高或被咬坏，台中没有王浆，幼虫干缩。若接受率太低，应重新再移一批虫。

(5) 处女王的交尾　从移虫之日（复式移虫则从第二次移虫之日）算起，约过 12 天，处女王就应出房。在此前 1～2 天就应组织好交尾群。交尾群又称核群，是处女王在交尾期间的临时蜂巢。交尾群栖居的蜂箱称交尾箱。

交尾群放在离本场蜂群远一点的地方，并且尽可能分散放置。为便于处女王婚飞回巢时辨认交尾箱，除应保留交尾箱附近的树木、土堆、小草等自然标志物外，最好还要用黄、蓝、白等不同颜色的纸剪成方形、圆形、三角形等不同的简单图案，分别贴在每个交尾箱的巢门上方。

2.2.6　人工分群和蜂王的诱入

2.2.6.1　人工分群

人工分群，简称分群，就是人为地从一个或几个蜂群中，抽出部分蜜蜂、子脾和粉蜜脾，组成一个新蜂群。人工分群是增加蜂群数量的重要手段，也是防止自然分蜂的一项有效措施。实施人工分群，应在蜂群强盛的前提下进行。

(1) 单群分群　单群平分，就是将一个原群以等量的蜜蜂、子脾和粉蜜脾等分为两群。其中原群保留原有的蜂王，分出群则需诱入一只产卵的新蜂王。这种分群方法的优点是分开后的两个蜂群，都是由各龄蜂和各龄蜂子组成的，不影响蜂群的正常活动，新分群的群势增长也比较快。其缺点是一个强群平分后群势大幅度下降，在接近流蜜期时影响蜂蜜生产。因此，单群平分只宜在主要蜜源流蜜期开始的 45 天前进行。

单群分群操作时，先将原群的蜂箱向一侧移出一个箱体的距离，再在原蜂箱位置的另一侧放好一个空蜂箱，之后从原群中提出大约一半的蜜蜂、子脾和粉蜜脾置于空箱内。次日给没有王的新分出群诱入一只产卵蜂王。分群后如果发生偏集现象，可以将蜂偏多的一箱向外移出一些，稍远离原群巢位或将蜂少的一群向里靠一些，以调整两个蜂群的群势。

单群分群不宜给新分出群介入王台。因为介入王台后，等新王出台、交尾、产卵，还需 10 天左右，在这段时间内，新分群的哺育力不能得到充分的发挥，浪费蜂群的哺育力，影响蜜蜂群势的发展；如果新王出台、交尾不成功，产卵不正常或意外死亡，损失就会更大。

（2）混合分群 利用若干个强群中一些带蜂的成熟封盖子脾，搭配在一起组成新蜂群，这种人工分群的方法叫做混合分群。混合分群是利用强群中多余的蜜蜂和成熟子脾，并给予产卵王或成熟王台组成新蜂群。从强群中抽出部分带蜂的成熟子脾，既不影响原群的增长，又可改善原群的环境条件，防止分蜂热的发生，使原群始终处于积极的工作状态。同时，由强群中多余的蜜蜂和成熟的封盖子所组成的新蜂群，到主要流蜜期可以增加蜂场的采蜜群。混合分群不足之处主要有：新组成的蜂群需较长时间才能正常生活，工蜂易回原群。此外，混合分群容易扩散蜂病，因此，患病蜂群不宜进行混合分群。

为了减少新分群的工蜂返回原群，应避免将外勤蜂较多的边脾提蜂到新分群。每个新分群放一个带蜂的巢脾，并额外补充抖入 2～3 框幼虫脾上的内勤蜂，以此保证新分群在外勤蜂返回原巢后仍能有适当的群势。也可在分群后，将新蜂群迁移到直线距离 5 千米以外的地方。新分群组织完毕，巢门暂时用茅草松软地塞上，让蜜蜂自己咬开，促使部分蜜蜂重新认巢。混合分群的新分群，次日检查一次，抽出多余的巢脾。新蜂群组成后，为了帮助快速发展壮大，可陆续补 2～3 框成熟封盖子脾。

2.2.6.2 蜂王的诱入

人工分群后，新群需要诱入蜂王，此外更换劣质蜂王，蜂群失王等都要进行蜂王的诱入。

（1）直接诱入 只有在外界蜜粉源条件好，平均气温高于

25℃时才能进行。

诱入蜂王的蜂群群势较弱、幼蜂多老蜂少，而且失王时间不超过两天。而将要诱入的蜂王产卵力强，可采用直接诱入的方法。直接诱入蜂王后，不宜马上开箱检查，应先在箱外观察。如果诱入群巢门前工蜂活动正常，即诱入成功，过2天后再开箱检查。

① 夜晚从巢门放入　如果淘汰旧王更换新王，白天应去除老蜂王。夜晚从交尾群中带脾提出已开始产卵的新蜂王，把此脾平放，有蜂王的一面朝上，上梁紧靠在无王群的起落板上，使脾面与蜂箱起落板处于同一平面。用手指稍微驱赶蜂王，当蜂王爬到蜂箱的起落板上时，立即把巢脾拿开，蜂王自动地爬进蜂箱。

此外，也可在夜晚把无王群的箱盖和副盖打开，从交尾群提出带王的巢脾后，轻稳地将蜂王捉起，放在无王群的框梁上。用这种方法诱王，应特别注意操作时轻稳，不能惊扰蜂群，也不能使蜂王惊慌。

② 白天从巢门诱入　将副盖一端搭靠在巢门踏板上，从无王群中提出2～3框带蜂巢脾，随手将脾上的蜜蜂抖落在巢前。靠近巢门的蜜蜂会提腹发臭，巢前蜜蜂一阵慌乱后有秩序地沿着副盖向巢门爬去。将要诱入的蜂王轻放到巢前的副盖上，使蜂王跟随蜜蜂一起进入蜂箱。

③ 带蜂脾诱入　在去除诱王蜂群的蜂王和王台之后，于当天傍晚把即将诱入的蜂王带脾一起提出，放在需诱王群的隔板外侧，并与隔板保持一定的距离。此脾与隔板的距离一般为60～100毫米。若蜜粉源条件比较好，还可以再靠近隔板一些。过1～2天再把此脾连同蜂王和工蜂调整到隔板内侧，与蜂群合并。虽然这种诱王方法稍复杂一点，但是比较安全。

④ 转地换王　经长途运输的蜂群到达新的放蜂场地后，在开箱拆除装钉时，群内的老壮工蜂大部分都出巢活动，蜂群处于纷乱状态，留在巢内的多是青、幼蜂，这时可趁蜂群检查的机会，淘汰老王，随即换入新王。

（2）间接诱入 蜂王的间接诱入，就是把蜂王暂时关闭在能够透气的诱王笼或纸筒中，放入蜂群，蜂王被接受后再释放的蜂王诱入方法。这种诱王的方法成功率很高，一般不会发生围死蜂王的事故。在外界蜜源不足、平均气温较低时应采用间接诱入方法诱王。间接诱入成功后，释放出来的蜂王需要过一段时间才能恢复正常的产卵。

① 用诱王笼诱入 间接诱王的常用工具有扣脾诱王笼（图 2-9）、囚王笼。在诱王操作时，将蜂王放入诱王笼中放在框梁上或夹放在框梁间，也可用扣脾笼将蜂王扣在巢脾上，连同巢脾一同放入无王群。扣脾诱王笼应将蜂王扣在卵虫脾上有贮蜜的部位，同时关入 7～8 只幼蜂陪伴蜂王。1～2 天后开箱检查，如果诱王笼上的蜜蜂已散开，或工蜂已开始饲喂蜂王，则说明此蜂王已被无王群接受。蜂王被蜂群接受后将蜂王从诱王笼放出。如果工蜂仍紧紧地围住诱王笼，对工蜂吹几口气后，工蜂仍不散开，甚至还有工蜂咬铁纱，这表明蜂群还没有接受此蜂王，这时将诱王笼继续放在蜂群中，直到蜂群接受后，再放王。

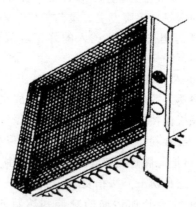

图 2-9 诱王笼

间接诱王最好用框式诱入器，即从交尾群中选择一框带有边角蜜的巢脾，连蜂王、工蜂和巢脾一起放入框式诱入器中，插上盖板后放入无王群。过1～2天后，诱入器铁纱上的工蜂没有敌意后，就可撤去诱入器。使用框式诱入器诱王，不仅安全可靠，而且在诱王过程中，不影响蜂王的发育和产卵。

邮寄来的寄王笼可直接放在蜂路间，王笼的铁纱一面对着蜂路，按间接诱王方法处理。也可用一小团炼糖塞住邮寄王笼的进出口，放入无王群，待工蜂将炼糖吃光后，进出王笼的信道自行打通，蜂王自行从王笼中爬出。

② 组织幼蜂群诱入蜂王：组织幼蜂群是最安全的诱王方法，对于必须诱入成功的蜂王可采用此法诱入。用脱蜂后的正在出房的封盖子脾和小幼虫脾上的哺育蜂组成新分群。将新分群搬离原群巢位，使新分群中少量的外勤工蜂飞返原巢，这样，新分群基本由幼蜂组成。把装有蜂王的囚王笼放入蜂群中的两巢脾中间，等蜂王完全被接受后，再释蜂王。

(3) 被围蜂王的解救　蜂王被诱入蜂群后，要尽量减少开箱检查，以免惊扰蜂群，增加围王的危险。如果需要了解蜂王是否被围，可先在箱外观察。当看到蜜蜂采集正常，巢口无死蜂或小蜂球，表明蜂王没有被围；若情况反常，就需立即开箱检查。开箱检查围王情况，不需提出巢脾，只要把巢脾稍加移动，从蜂路看箱底即可。如果巢间蜂路和箱底没有聚集成球状蜂团，说明正常；如果发现蜜蜂结球，说明蜂王已被围困于其中，应迅速解救，以免将蜂王围死造成损失。

解救蜂王不能用手捏住工蜂强行拖拉，以避免损伤蜂王。解救蜂王的方法：把蜂球用手取出投入到温水中，或向蜂球喷洒蜜水或喷烟雾，或将清凉油的盒盖打开扣在蜂球上，以之来驱散蜂球上的工蜂；或向蜂球上滴数滴成熟蜂蜜，把围王工蜂的注意力吸引到吸食蜂蜜上来；最后剩下少量的工蜂仍死咬蜂王不放，就要仔细用手将这些工蜂一一捏死。

对解救出来的蜂王，应做好仔细检查。蜂王伤势严重，则不必保留；肢体无损，行动正常的蜂王，可再放入诱入器中放回蜂群，直到被蜂群接受后再释放出来。

（4）王台的诱入　在诱入王台前一天应毁除所有的王台，如果是有王群，还需除王。诱入的王台为封盖后 6～7 天的老熟王台。如果诱入王台过早，王台中的王蛹发育未成熟，比较娇嫩，容易冻伤和损伤；如果诱入过迟，处女王有可能出台。在诱入王台的过程中，应始终保持王台垂直并端部向下，切勿倒置或横放王台，尽量减少王台的振动。

如果诱入王台的蜂群群势较弱，可在子脾中间的位置，用手指压一些巢房，然后使王台保持端部朝下的垂直状态，紧贴在巢脾上的压倒巢房的部位，牢稳地嵌在凹处；如果群势较强，可直接夹在两个巢脾上梁之间。

在给群势稍强的蜂群诱入王台时，王台诱入后常遭破坏，可用铁丝绕成弹簧形的王台保护圈加以保护。王台圈的下口直径为 6 毫米，上口内径为 18 毫米，长为 35 毫米（图 2-10）。使用时，先将成熟王台取下，垂直地放入保护圈内，令王台端部顶在此圈下口，此圈上部用小铁片封住，放在两个子脾之间，再将王台保护圈基部的铁丝插入子脾中心，并调整两个巢脾的距离。

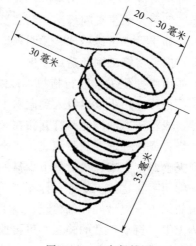

图 2-10　王台保护圈

2.2.7　分蜂热的控制和处理

蜂群内出现分蜂王台后，工蜂就会减少对蜂王饲喂，迫使蜂王卵巢收缩、产卵力下降，甚至停卵，与此同时蜂群也减少了采集和造脾活动，整个蜂群呈"怠工"状态。这种现象在蜂群饲养管理中称为分蜂热。产生分蜂热的蜂群既影响蜂群的增长，又影响养蜂生产，而且分蜂发生后还增加了收捕分蜂团的麻烦，所以，在养蜂生产上控制蜂群分蜂热是极其重要的管理措施。

2.2.7.1　控制措施

为了控制蜂群发生分蜂热，采取以下措施。

(1) 选育良种　同一蜂种的不同蜂群控制分蜂的能力有所不同，并且蜂群控制分蜂能力的性状具有很强的遗传力，因此，在蜂群换王的过程中，应注意选择能维持强群的高产蜂群作为种群，进行移虫育王。此外还应注意定期割除分蜂性强的蜂群中的雄蜂封盖子脾，同时保留能维持强群的蜂群中的雄蜂。以此培育出能维持强群的蜂王。

(2) 更换新王　新蜂王释放的蜂王信息素多，控制分蜂能力强，故新王群很少发生分蜂。此外，新王群的卵虫多，这既能加快蜂群的增长速度，又使蜂群具有一定的哺育负担。鉴于上述原因，在蜂群的增长期应尽量提早换新王。

(3) 调整蜂群　蜂群的哺育力过剩是产生分蜂热的主要原因。因此，在蜂群增长阶段应适当地调整蜂群的群势，以保持最佳群势为宜。蜂群快速增长的最佳群势为 8～10 足框。调整群势的方法主要有两种：一是抽出强群的封盖子脾补给弱群，同时抽出弱群的卵虫脾加到强群中，这样既可减少强群中的潜在哺育力，又可加速弱群的群势发展；二是进行适当的人工分群。

(4) 改善巢内环境　巢内拥挤闷热也是促使分蜂的因素之

47

一. 在蜂群的增长阶段，当外界气候稳定，蜂群的群势较强时，就应及时进行扩巢、通风、遮荫、降温，以改善巢内环境。改善巢内环境的措施：蜂群应放置在阴凉通风处；适时加脾或加础造脾、增加继箱等以扩大蜂巢的空间；开大巢门、扩大脾间蜂路以加强巢内通风；及时饲水和在蜂箱周围喷水降温等。

（5）生产王浆　蜂群的群势壮大以后，连续生产王浆。加重蜂群的哺育负担，充分利用工蜂过剩的哺育力，这是抑制分蜂热的有效措施。

（6）蜂群扩大阶段的主副群饲养　主副群饲养是强弱群搭配、分组管理的养蜂方法。将 2～3 箱蜜蜂紧靠成一组，其中一箱为强群，群势约 8～10 足框，为蜂群增长最佳群势，经适当调整和组织到了流蜜期成为采蜜主群；另 1～2 群为相对较弱的蜂群，主群增长后多出最佳群势的蜂子不断地调入副群。当蜂群上继箱后，培育一批蜂王。蜂王出台前 2～3 天，在主群旁边放一个空蜂箱，然后从主群中提出 3～4 框带蜂的封盖子脾和蜜脾，组成副群，第二天诱入一个王台。等新王产卵后，不断地从主群中提出多余的封盖子脾补充给副群，以此控制主群产生分蜂热。

（7）组织双王群饲养　由于蜂群中有两只蜂王释放蜂王信息素，增强了控制分蜂的能力，因此能够延缓分蜂热的发生。双王群中两只蜂王产卵，幼虫较多，减轻了强群哺育力过剩的压力。

（8）多造新脾　凡是陈旧、雄蜂房多的以及不整齐的劣脾，都应及早剔除，以免占据蜂巢的有效产卵圈。同时可充分利用工蜂的泌蜡能力，积极地加础造脾、扩大卵圈，加重蜂群的工作负担，这有利于控制分蜂热。

（9）毁弃王台　巢脾上出现分蜂王台，应每隔 5～7 天定期检查一次，将王台毁弃在早期阶段。毁台只是应急的临时延缓分蜂的手段，不能从根本上解决问题。在毁台的同时，还应采取相应的措施，解除分蜂热。如果一味地毁台抑制分蜂，则蜂群的分蜂热会越来越强，最后可能导致蜂群建造王台后就立刻分蜂。

（10）提早取蜜　在大流蜜期到来之前，取出巢内的贮蜜，有助于促进蜜蜂采集，减轻分蜂热。当贮蜜与育子发生矛盾时，应取出积压在子脾上的成熟蜂蜜，以扩大卵圈。

2.2.7.2　解除分蜂热的方法

如果由于各种原因，所采取的控制分蜂热的措施无效，群内王台封盖，蜂王腹部收缩，产卵几乎停止，分蜂即将发生时，应根据具体情况，因势利导采取措施。

（1）人工分群　当强群发生分蜂热以后，采用人工分群的方法解除分蜂热，是一项非常有效的措施。为了解除强群的分蜂热，保证生产群的群势，应根据不同蜂种的特点采取人工分群方法。

（2）调整子脾　把发生分蜂热强烈的蜂群中的所有封盖子脾全部脱蜂提出，补给弱群，留下全部的卵虫脾，再从其他蜂群中抽出卵虫脾加入该群，使每足框蜜蜂都负担约一足框卵虫脾的哺育饲喂工作，加重蜂群的哺育负担，以此消耗分蜂热蜂群中过剩的哺育力。这种方法的不足之处是哺育负担过重，影响蜂蜜生产。

（3）互换箱位　流蜜初盛期蜂群发生严重分蜂热，可以把有分蜂热的强群与群势较弱的蜂群互换箱位，使强群的采集蜂进入弱群。分蜂热强烈的强群，由于失去大量的采集蜂，群势下降，迫使一部分内勤蜂参加采集活动，因而分蜂热消除。较弱的蜂群补充了大量的外勤蜂，群势增强，适当的加脾和蜂群调整可以成为采蜜主群。

（4）加脾取蜜　流蜜期初蜂群中出现比较严重的分蜂热，可将子脾全部提出放入副群中，强群中只加入空脾，从而使蜂群中所有工蜂全部投入到采酿蜂蜜的活动中，以此减弱或解除分蜂热。空脾取蜜不但能解除分蜂热，而且因巢内无哺育负担，可提高蜂蜜产量。空脾取蜜的缺点是后继无蜂，对群势发展有很大影响，因此应注意这种方法只适用于流蜜期短而流蜜量大，并且距下一个主要蜜源花期还有一段时间的蜜源花期。流蜜期长，或者几个主要花期连续，只可提出部分子脾，以防严重削弱采蜜群。

(5) 提出蜂王　当大流蜜期马上就要到来，蜂群发生不可抑制的分蜂热时，为了确保当季的蜂蜜高产，可采取提出蜂王的方法解除强烈的分蜂热。将蜂王和带蜂的子脾、蜜脾各一框提出，另组一群，或者干脆去除蜂王，保留所有的未封盖的王台。几天后除了选留一个成熟王台。流蜜期过后，新王也开始产卵，有助于群势的恢复。

(6) 人造假分蜂　将副盖板一边靠巢门板，一边靠地面。在下午将分蜂热蜂群中的蜂王囚禁好后，逐脾提出将蜂抖落在副盖板上，让所有工蜂飞翔后慢慢爬回蜂箱内。次日早上再放出蜂王。这种人造假分蜂可暂时解除分蜂热。

如果分蜂热未能及时解除发生自然分蜂即按第 3 章有关节段处理。

2.2.8　盗蜂的识别和控制

盗蜂是指进入其他蜂群的巢中盗取贮蜜的外勤工蜂，也指蜂场出现的一群蜜蜂去抢夺另一群巢内贮蜜的现象。盗蜂是种内竞争的一种形式。根本的原因是外界蜜源不足。在流蜜末期或突然中止流蜜，或蜂群密度过大造成蜜源缺乏，或蜂群巢内贮蜜不足的情况下，盗蜂更容易发生。蜂群作盗主要在本蜂场内。如果两蜂场间距离过近，相邻蜂场的蜜蜂群势相差悬殊，也可能引起蜂场间的盗蜂。蜂场周围暴露有蜜、蜡、糖、脾，蜂箱破旧、开箱不当，饲喂蜂群不合理等因素都能诱发盗蜂的发生。如果发生盗蜂，首先受害的是防御较差的弱群以及无王群、交尾群和病群。

2.2.8.1　盗蜂的识别

窜入他群巢内抢搬贮蜜的蜂群称为作盗群，而被盗蜂抢夺贮蜜的蜂群称为被盗群。蜂场发生盗蜂，多从被盗群发现。个别身体油光发黑的老工蜂，举止慌张地徘徊游荡于巢门或蜂箱前后，伺机从巢门或蜂箱的缝隙进入巢内，有的工蜂刚落到巢门板上，守卫工蜂一接近就马上逃走，这些都是盗蜂的迹象。蜂箱巢门前秩序混乱，工蜂抱团厮杀，并有腹部勾起的死蜂，则是盗蜂向被盗群进攻，而被盗群的守卫蜂阻止盗蜂进巢的现象。蜜源较少的季节，发现突然进出巢的蜜蜂增多，仔细观察，进巢的蜜蜂腹小而灵活，从巢内钻出的蜜蜂腹部充盈膨胀，起飞时先急促地下垂，再飞向空中，这种现象说明，盗蜂攻进被盗群，而被盗群根本无力抵抗，无奈由盗蜂自由进出。

蜂场发生盗蜂，需要先识别出作盗群。一般来说，盗蜂多来自于本蜂场。盗蜂比较积极，往往早出晚归。在非流蜜期，如果个别蜂群出巢繁忙，巢门前无厮杀现象，且进巢的蜜蜂腹大，出巢的蜜蜂腹小，则该群有可能是作盗群。要准确判断作盗群可在被盗群的巢门附近撒一些干薯粉或滑石粉，然后在全场蜂群的巢门前巡视，若发现体上沾有白色粉末的蜜蜂进入蜂箱，即可断定该蜂群就是作盗群。

2.2.8.2　盗蜂的预防

(1) 选择蜜源丰富的场地放蜂 盗蜂发生的最根本的原因是蜜源不足，因此，预防盗蜂首先应考虑在蜜蜂活动的季节，选择蜜粉源丰富且花期连续的场地放蜂。

(2) 调整合并蜂群 最初被盗的蜂群多数为弱群、无王群、患病群和交尾群。如果初盗时控制不力，就会发展成更大规模的盗蜂。因此，在流蜜期末和无蜜源等容易发生盗蜂时，应对易被盗群进行调整、合并等处理。全场蜂群的群势应均衡，不宜强弱相差悬殊。

(3) 加强蜂群的守卫能力 在易发生盗蜂的时期，应适当地缩小巢门、紧脾、填补箱缝，使盗蜂不容易进入被盗群的巢内。为了阻止盗蜂从巢门进入巢内，可在巢门上安装巢门防盗装置。

(4) 避免盗蜂的出巢冲动 在非流蜜期减少工蜂的出巢活动，有利于防止盗蜂。在蜂群管理中应注意留足饲料，避免阳光直射巢门，非育子期不奖饲蜂群等。蜜、蜡、脾应严格封装。蜂场周围不可暴露糖、蜜、蜡、脾，尤其是饲喂蜂群时更应注意不能把糖液滴到箱外，万一不慎将糖液滴到箱外，也应及时用土掩埋或用水冲洗。应尽量选择在清晨或傍晚时进行开箱检查，以防巢内的蜜脾气味吸引盗蜂。

2.2.8.3 盗蜂的控制

发生盗蜂后应及时处理，以防发生更大规模的盗蜂。

(1) 缩小巢门 刚发生少量的盗蜂 一旦出现少量盗蜂，应立即缩小被盗群和作盗群的巢门，以加强被盗群的防御能力和造成作盗群蜜蜂进出巢的拥挤。用乱草虚掩被盗群巢门，可以迷惑盗蜂，使盗蜂找不到巢门，或者在巢门附近涂苯酚、煤油等驱避剂。

(2) 单盗的止盗方法 单盗就是一群作盗群的盗蜂，只出现一个被盗群。在盗蜂发生的初期，可采用上述方法（1）处理。如果盗蜂比较严重，上述方法无效，可采取白天临时取出作盗蜂的蜂王，晚上再把蜂王放回原群的措施，造成作盗蜂群失王不安，消除其采集的积极性，减弱其盗性。

(3) 一群盗多群的止盗方法 当发生一群蜜蜂同时盗多群时，制止盗蜂的措施所采取的具体止盗方法，应主要是处理作盗群。除了可以暂时取出作盗群蜂王的办法之外，还可以采取将作盗群移位的措施。在作盗群原位放一空蜂箱，箱内放少许驱避剂，使归巢的盗蜂感到巢内环境突然恶化，使其失去盗性。

（4）多群盗一群的止盗方法　出现这种情况时止盗措施的重点在被盗群。被盗群暂时移位幽闭，原位放置加上继箱的空蜂箱，并把纱盖盖好，可不盖箱盖，巢门反装脱蜂器，使蜜蜂只能进不能出。盗蜂都集中在有光亮的纱盖下面，傍晚放走盗蜂。这种方法2～3天就可能止盗，然后再将原群搬回。另一种止盗方法是将被盗群移位，原位放一个有几张空脾的蜂箱，使盗蜂感觉此箱蜜已盗空，而返回原群。如果在此空箱内放一把艾草或浸有苯酚的碎布片，对盗蜂产生忌避作用，止盗的效果更好。采用这种方法应注意加强被盗群附近蜂群的管理，以免盗群转而进攻被盗群邻近的蜂群。

（5）多群互盗的止盗方法　蜂场发生盗蜂处理不及时，已开始出现多群互盗，甚至全场普遍盗蜂，可将全场蜂群全部迁到直线距离5千米以外的地方，这是止盗最有效的方法。此外还可将全场蜂群的位置做详细记载，场上除了留2～3个弱群外全部搬入暗室。蜂箱的巢门打开，室内门窗遮蔽，只留少许的缝隙以放走盗蜂。盗蜂飞出后投入场上的弱群中。傍晚把收集全场盗蜂的蜂群迁往5千米外的地方。如此连续进行数次便可止盗，然后将蜂群从室内搬出，按原来的箱位排好蜂群。

2.2.9　双王群饲养技术

2.2.9.1　饲养双王群的条件

双王群饲养需要一般饲养工具外，还需要闸板、隔王栅等特殊工具。由于单箱双王群需在箱体的中间插入闸板或隔王栅，而标准的郎氏标准箱中闸板两侧再各放入5张脾非常勉强，所以双王群饲养专用箱体可长出闸板宽度，使闸板两侧能够正常放入5张巢脾。为了方便组织和调整蜂群，可在箱体内侧前后壁，各沿中线开一条垂直于箱底的槽，方便闸板或隔王栅的安装。为了使双群同箱的蜂群容易组织成双王群，可特制铁纱闸板，使双群同箱的两群蜜蜂在组织合并成双王群前群味相通。

2.2.9.2 双王群的组织

(1) 单育子箱体双王群 单育子箱体双王群是将巢箱从中间用闸板等分隔成 2 个育子区，每区各放一只蜂王，巢箱和继箱间用隔王栅分隔。这种形式的双王群与常规的饲养方法接近，便于转地饲养、生产王浆，是目前较常用的双王群形式。但是，由于每只蜂王只有半个箱体的产卵空间，产卵极易受限，必须定期调整，而且每次调整子脾都需先查找到蜂王，费工费时。

① 组织双群同箱蜂群：单育子箱体双王群的组织基本均从组织双群同箱开始，然后将双群同箱蜂群的隔板取出，换上隔王栅，合并成双王群（图 2-11）。

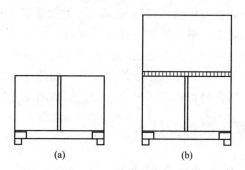

(a)   (b)

图 2-11　双群同箱蜂群

(a) 早春双王同一巢箱；(b) 加继箱生产（引自周冰峰，杨改）

② 合并法组织双群同箱蜂群：将蜂箱用木板闸板或铁纱闸板等距分隔成 2 个小区，每个小区分别各放入一个弱群组成双群同箱。或将标准蜂箱用木板闸板分隔成 2～4 个交尾区，每区均组织交尾群，诱入王台。蜂王交尾成功后，只保留蜂箱中间隔板和 2 个产卵王，合并调整为双群同箱蜂群。如果 2 群蜜蜂群势较强，可先在一群的箱体上加上铁纱副盖，其上放一个空继箱，将另一群蜂连同巢脾提到继箱中。

待单箱体双群同箱蜂群已满箱,可在蜂箱上方直接加隔王栅,其上再放一个空继箱;将刚封盖的子脾调整到继箱的中间,两侧放蜜脾,最外侧为隔板;巢箱内酌加空脾或巢础框,供蜂王产卵和工蜂造脾。双箱体双群同箱蜂群通过铁纱副盖使群味相通后,将巢箱用闸板分隔,将上下箱体的两群蜂分别调整到巢箱的 2 个育子区中,巢箱上方加继箱,巢箱和继箱间用隔王栅分隔。

(2) 多箱体双王群　多箱体双王群是将 2~3 个用闸板从中间分隔的箱体叠加起来,各箱体间的闸板紧密相接,形成纵向分隔、上下相通的 2 个育子区,每区一个蜂王,上层育子箱体放隔王栅和未用闸板分隔的继箱,形成双王群。这种形式的双王群饲养管理,以箱体为单位调整,不必查找蜂王,且只要及时调整箱体,蜂王产卵就不会受到限制 (图 2-12)。

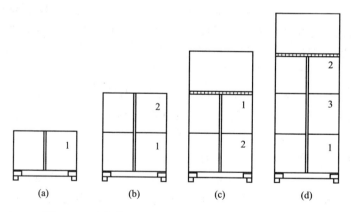

图 2-12　多箱体双王群的组织 (引自周冰峰,杨改)

(a) 单箱体双群同箱;(b) 双箱体双群同箱;(c) 巢箱上下对调后加隔
王栅和贮蜜继箱;(d) 巢箱上下对调后中间再加入第三巢箱

多箱体双王群的组织是先通过合并或诱入蜂王组织成单育虫箱体双群同箱,待蜂群发展到满箱后再在上面加一个用隔板分隔的育虫巢箱供蜂王产卵,形成多箱体双群同箱。新加入的继箱中,隔板两侧各放入 5 张巢脾。上层育虫巢箱体产卵已满，育虫巢箱上下对调后，在上层箱体的上方加隔王栅和贮蜜继箱，形成多箱体双王群。12～15天后，育虫区巢箱上下对调，在2个巢箱间再加入第三巢箱，形成垂直分隔三育子巢箱双王群。此后只需定期对调育虫区的上层箱体和底层箱体，中间的育虫巢箱不动。

2.2.9.3 双王群饲养的管理方法

双王群饲养的管理方法与一般饲养方法基本相同，但是也有其特性。

（1）双王群的排列 双王群的显著特点之一，就是在蜂群增长阶段的后期和生产阶段群势较强。冬季和早春，蜂群在组织双王群之前或组织后的双群同箱、双王群群势较弱，为了方便保温和节省保温材料，可以采用"一字形"的排列方式。但是，随着气温的升高和群势的发展，应在撤除保温材料的同时用逐渐移位法使双王群形成单箱排列或双箱排列。单箱排列的箱距或双箱排列的组距应在1米以上。

（2）双王群失王的原因及预防措施 双王群比单王群更容易发生失王现象。一般情况下，双王群仅失去一只蜂王，不会成为无王群。限制性双王群必须用隔王栅或隔板严格分隔2只蜂王，否则2只蜂王相遇易发生斗杀造成失王。隔板和隔王栅与箱体安装不严密、隔王栅的隔栅不标准或变形等是发生蜂王斗杀的主要原因。对于隔板或隔王栅从巢箱的中间分隔，巢门开在箱体中间，蜂群的2个育子区共享一个巢门的双王群；在气温较高的季节，如果巢门聚集较多蜜蜂，蜂王有可能通过巢门误入另一育虫区而发生蜂王互相斗杀的事故。

双王群的管理比单王群麻烦，需要注意的问题较多，主要还是避免在操作中造成失王。由于管理操作不当造成失王的原因主要有2种可能：一是由于挤压致使蜂王机械损伤，或蜂王失落箱外造成失王；二是因蜂群检查不慎使蜂王落入或爬入另一区，巢脾调整时因未查找蜂王，而将带蜂王的巢脾提入另一育虫区。

(3)双王群分蜂热的预防 双王群由于一群蜜蜂中有2只蜂王分泌蜂王信息素,所以抑制分蜂能力更强,且巢内卵虫多,可消耗过剩的哺育力,因此双王群控制分蜂能力较强。虽然如此,双王群并不能完全消除分蜂热。预防分蜂的方法:及时用新产卵蜂王取代老劣蜂王,适时扩巢,为增加卵虫数量、发挥蜂王产卵力和蜂群哺育力创造条件;加础造脾,增加蜂群工作量;封盖子脾与弱群的卵虫脾对调,加重哺育负担;生产蜂王浆,充分利用强群的哺育力;在气温较高时采取开大巢门、扩大蜂路、蜂群遮荫等通风降温措施。

2.2.10 蜂群的移动和转地技术

2.2.10.1 蜂群的近距离移动

蜜蜂具有识别本群蜂箱位置的能力,如果将蜂箱移到它们飞翔范围内的任何一个新地点,在一段时期内,外勤工蜂仍会飞回到原来的巢位。因此,当对蜂群作近距离移动时,需要采取有效方法,使蜜蜂移动后能很快地识别新巢位,而不再飞返原址。

(1)逐渐移动 如果少量蜂群需要进行10~20米范围内的迁移,可以采取逐步移位的方法。向前后移位时,每次可将蜂群移动1米;向上下左右移位,每次不超过0.5米。移动蜂群最好在早、晚进行。每移动一次,都应等到外勤蜂对移动后的巢位适应之后,再进行下一次移动。

(2)直接移动 迁移的原址和新址之间有障碍物,或有其他蜂群,或者距离比较远,不便采取逐渐移动时,可于晚上关闭巢门打开后纱窗,将其搬入通风的暗室,关闭3天后,再搬到新址。待清晨蜜蜂未出巢之前打开巢门,用青草堵塞或虚掩巢门,蜜蜂在巢内急于出巢便啃咬堵塞在巢门的青草,同时青草经太阳渐渐晒干,草间的缝隙增大,经过一番努力蜜蜂才能从巢内钻出，以此加强它们巢位变动的感觉，而重新进行认巢飞翔。同时，原址放置一个蜂箱，内放空巢脾，收容返回的蜜蜂后，合并到邻群。

(3) 蜂群的间接移动 所谓的间接移动，就是把蜂群暂时迁移到距离原址和新址都超过 5 千米的地方，过渡饲养 15 天后，然后直接迁往新址。这种方法进行蜂群的近距离移动最可靠，但会增加养蜂成本。

(4) 利用越冬期移动 在北方，应尽可能利用蜂群的越冬期进行近距离移动。当蜂群结成稳定的冬团时，就可以着手搬迁，但是搬迁时应特别小心，不能振散蜂团，以免冻死蜜蜂。蜜蜂经过较长的越冬期，对原来的箱位已失去记忆，来年春天出巢活动时，便会重新认巢。

(5) 蜂群的临时移动 为了防洪、止盗、防农药中毒等原因，需要将蜂群暂时迁离原址。在移动时，各箱的位置应详细准确地绘图编号，做好标志。蜂群搬回原场后严格按原箱位排放，以免排列错乱而引起蜜蜂斗杀。

2.2.10.2 蜂群转地前的准备

蜂群转地就是将蜂群转移到 10 千米以外地方饲养。

(1) 调整蜂群

① 蜂数的调整 蜂群在运输过程中，同等条件下因热闷死的首先是强群，所以转运时蜂群的群势不可太强。一般来说，单箱群不应超过 8 张脾、6 足框蜂，继箱群不应超过 15 张脾、12 足框蜂。转地蜂场在平时的蜂群管理中，就应注意调整，将群势发展快的蜂群中的子脾抽补给弱群。群势的调整还可采取在转运前 2 天将强弱群互换箱位的方法，使部分强群中的外勤蜂进入弱群。还可以通过在傍晚互换强弱群的副盖来平衡群势。

② 子脾的调整 转地蜂群要保持连续追花夺蜜的生产能力，就需要有足够的子脾作为采集蜂的后备力量。但是，子脾

太多同样会使巢温升高，过多的老熟封盖子脾中的蜂蛹在运输途中羽化出房，就更会增加运输的危险。

转运前调整子脾，单箱群以 3～4 足框的子脾为宜。子脾调整的原则为强群少留子脾，而弱群在保证哺育饲喂和保温能力的前提下可适当多留子脾。

③ 粉蜜脾的调整　蜂群在运输途中，巢内贮蜜不足还会加剧工蜂的出巢采集冲动，影响运输安全；但巢内贮蜜过多，在运输途中易造成坠脾。蜜脾不易散热，所以巢内蜜脾过多会促使巢温升高。因此，蜂群在转地途中应贮蜜适当。巢内的贮蜜量，应根据蜂群的群势和运输途中所需的时间来确定，一般情况下，群势达 12 足框的蜂群，运输途中需 5～7 天，每群蜂贮蜜应 5～6 千克。

如果全场蜂群贮蜜普遍不足，应在转运前 3 天补足，不可在临近转运时再补饲糖液或蜂蜜，以免刺激工蜂在运输途中产生强烈的出巢冲动。巢内如果有较多的刚采进的花蜜，则应在转地前取出。在蜜脾调整的同时还应注意粉脾的调整，特别是子脾较多的双王群更容易缺粉。

④ 添加水脾　在外界气温较高的季节转地，蜂群离场前可根据具体情况在蜂箱中填加水脾，以供在运输途中调整巢温和食用。添加水脾的方法是将清洁的饮用水灌入空脾，然后将水脾放在继箱中巢脾的外侧。以后在途中放蜂时，最好将水脾再补灌一次水。

⑤ 巢脾的排列　排列巢脾时应将子脾放在中间，粉蜜脾放在两侧。生产季节转运，一般气温较高，蜂群的群势也较强，可将巢箱的封盖子脾和未封盖子脾交错排列，以利于巢内的热量平衡。在气温不是很高的季节运蜂，可将继箱和巢箱中的巢脾都靠向一侧 ［图 2-13 （a）］；如果气温很高，为了加强巢内散热通风，可将继箱中的巢脾分左右两侧排列，使继箱中间留出空位，便于蜂箱的前后气窗通风 ［图 2-13 （b）］。继箱群的巢箱内放一张带有角蜜的空脾，以供蜂王在运输途中产

卵。卵虫脾放在巢箱，以增强工蜂的恋巢性。将老熟封盖子脾放入继箱，让它在转运途中陆续出房，使进场后的蜂群中有充足的哺育蜂。

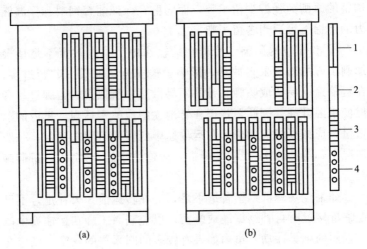

图 2-13　转地蜂群巢脾排列

(a) 巢箱和继箱靠向一侧；(b) 继箱巢脾分列两侧

1—粉蜜巢房；2—空巢房；3—封盖子巢房；4—卵虫巢房

(2) 固定蜂群　转运前应将巢脾、隔板、副盖与蜂箱，继箱与巢箱固定连接起来，以防在长途运输过程中因颠簸松散，使巢脾、箱体相互冲撞造成蜂王受挤压伤亡，激怒工蜂而发生事故。蜂群是否牢固，直接影响运输过程中蜂群的安全。

① 巢脾的固定　巢框侧条或上梁有蜂路卡的巢脾固定比较方便。在固定时先将巢脾推紧，再用手钳把长约 40 毫米的铁钉旋压入外侧巢脾的框耳处，把这张巢脾钉固在前后箱壁的框槽中。然后，用起刮刀将中间的蜂路撬大，塞入一个较厚的蜂路卡。在其余巢脾的两端每间隔一个巢脾，各压入一枚铁钉。

没有蜂路卡的巢脾，在装钉前要先准备好木块蜂路卡。常用的木块蜂路卡是一种长 25～30 毫米、宽约 15 毫米、厚约

12毫米的小木块。在小木块的上端钉一根 10～15 毫米长的铁钉，铁钉钉入木块 1/2。木块蜂路卡的厚度应稍有不同，以便在调整紧固巢脾时有所选择。用这种蜂路卡固定巢脾的方法是：在每条蜂路的近两端，各楔入一个稍薄的蜂路卡，将所有的巢脾向箱壁的一侧用力推紧，并立即在最外侧巢脾的两端框耳各压入一枚铁钉固定。然后，用起刮刀或手钳将中央那条蜂路撬宽，并在这条蜂路中间塞入一个较厚的蜂路卡（图2-14），同时取出原来较薄的蜂路卡。同样，最后每隔一张巢脾都用铁钉固定两端框耳。隔板可用同法固定在巢脾的外侧，也可用寸钉固定在蜂箱的内侧壁。

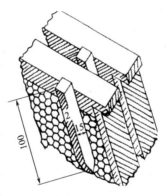

图 2-14　用小木块蜂路卡固定巢脾

②巢箱与继箱的连接固定　巢箱与继箱在连接和固定时每个继箱群需要 4 根连箱条。连箱条是长 300 毫米、宽 30 毫米的木条或竹条。每根连箱条各钻 4 个小孔。在蜂箱的前后或左右外壁各用两根连箱条按"八"字形用铁钉固定在巢箱与继箱上，最后用直径约 10 毫米的绳子捆绑，以便转地时搬运。

③副盖固定　将两根长约 40 毫米的铁钉在副盖近对角处钉入，将副盖固定在蜂箱上。如果副盖不平整，还需适当多加钉几根铁钉加固。为了方便到达场地后拆除包装，在钉铁钉时应留出 3～5 毫米左右的钉头。

（3）关闭巢门　关闭巢门一般应在傍晚工蜂归巢之后，或在天亮前工蜂尚未开始出巢活动时进行。如果由于天气炎热，许多任务蜂聚集于巢门前不进巢，可采用喷水或喷烟的方法将这些工蜂驱入巢内。有时需要在工蜂尚未全部归巢时就装车转运，为了减少外勤蜂的损失，可先将强群的巢门关上并立即搬离原箱位，使采集归巢的强群外勤蜂投入弱群，最后关闭弱群巢门。除寒冷季节外关闭巢门后一般应立即开启通气纱窗。

2.2.10.3　转地的技术措施

（1）保持蜂群的安静　转动蜂群需抑制工蜂的出巢冲动，保持蜂群的安静。因此，尽量避免强光刺激，保证巢内饲料充足，及时饲水，加强通风，防止巢内高温、高湿、缺氧。为了免受强光刺激，应尽量在夜晚运蜂。夜晚蜜蜂没有出巢冲动，且气温也比白天低，此时运蜂比白天相对安全。500～700 千米的运程，用汽车运输，可在傍晚蜜蜂全部归巢后装车，于第二天中午前到达场地。白天运蜂应尽量选择阴雨天。如果运输途中光线很强，则需采取遮荫措施。当傍晚夕阳直射蜂箱的纱窗时，应将受太阳照射的纱窗暂时关闭，等太阳落山后再打开纱窗通风。

运蜂途中，工蜂无法出巢排泄，则运输时间越长，工蜂出巢排泄的冲动就越强，因此，长距离运输应进行途中临时放蜂。途中临时放蜂宜早不宜迟，第一次临时放蜂应在装车后36 小时进行，以后每 48 小时放蜂一次。途中临时放蜂应环形排列，即将蜂箱排列成方形或圆形，巢门朝内，以减少工蜂偏集。临时放蜂结束后，应注意工蜂有无偏集现象，若发生偏集，则必须在再次装车前进行调整。

在转运期间，巢内不能缺水，但喷水也不能过多。给蜜蜂喷水要采取主动，在蜜蜂装运前就应适当喷水。转运途中，应时刻注意蜂群的变化，一旦发现蜜蜂出现不安的迹象就要立即喷水。如果蜜蜂已开始骚闹，这时喷水就容易造成蜜蜂巢内高温高湿，从而加速蜜蜂的死亡。给蜜蜂饲水的原则是多次少量。饲水可用喷雾器将清洁的水从纱窗喷入，不可用车站上的水管引入车厢向蜂箱内大量喷水。

（2）避免工蜂激怒 在转运途中，尽量避免剧烈的震动。在装车后，要将蜂箱捆绑牢固，以防在运输途中因震动造成蜂箱之间松散、互相碰撞和倒塌。运蜂车在路面不好的路段行驶时，应将车速放慢，减少震动。

（3）及时降温 利用火车和轮船运蜂，可根据火车车厢的类型和船体结构，分别采取喷水洒水、加冰块、使用保温车或冷藏车船等措施来降低蜂群的环境温度。

用火车的平板车厢、高边车厢或轮船的甲板运蜂，主要采取在蜂箱周围、蜂箱外壁、车厢厢壁、甲板地面喷洒水的措施，靠水分的蒸发吸收热量。在电气化铁路路段运行期间，喷洒水降温时，一定要小心防止发生触电事故。

用保温车运蜂也是靠加冰降温。每节车厢一次需加冰 2～3 吨，盐 300～600 千克。若是长途运输，则途中还需再加冰。10 小时左右加一次冰，可保持车厢内的温度在 8～16℃之间。

用冷藏车或冷藏船运蜂，弱群应装在里面，强群装在外面。冷藏车船装运蜜蜂，在外界气温高于 33℃时需要留通道，低于 33℃时可不留通道。装运前，先将车厢或船舱的门窗关严，制冷；停机后，迅速将蜂箱装入，立即关严门窗，再打开制冷机，使蜂群的环境温度保持在 5℃左右。

（4）保证饲料优质充足 在蜂群运输过程中，应始终保证蜂群内有足够的饲料。如果蜂群缺蜜，应及时采取措施补救。在临启运前发现巢内饲料不足，可采用白砂糖吊袋补饲法，即用粗孔蚊帐布制成 190 毫米×110 毫米的布袋，每袋装入 0.6～1.0 千克的白砂糖，并封口，然后在净水中浸一下立即取出，滴尽净水，在装车前 1 小时挂在巢内箱侧壁上，最后用小铁钉和细绳固定糖袋。若在途中发现个别蜂群缺饲料，可在夜晚从巢门塞入白砂糖或剥去包装纸的硬水果糖，然后喷洒些清水；也可以用脱脂棉浸浓糖浆放在铁纱副盖上饲喂。

在转运之前决不能给蜂群饲喂低浓度的糖液。如果巢内有刚采进的稀蜜，应该在转运装钉前取出，以防造成运输期间巢内高温高湿。

(5) 解救危急蜂群　蜜蜂装车后，应随时注意观察强群的情况，若发现工蜂堵塞纱窗或工蜂用上颚死命地咬铁纱并"嗞嗞"作响，且散发出一种特殊的气味，而用手摸副盖和纱窗时觉得很热，这就意味着该群蜜蜂已有闷死的危险。

出现这种情况，应立即把蜂箱搬到通风的地方，打开铁纱副盖或巢门。如果受闷严重，来不及将蜂群搬出，可立即打开巢门或捣破纱窗，尽快蜜蜂，以免全群闷死；也可以将蜂箱大盖打开后，向巢内大量浇水，蜜蜂淋浴后落到箱底，水从巢门缝流出，使巢温迅速降低。

2.2.10.4　汽车运蜂的管理

汽车运蜂速度快，比较方便灵活，一般来说都能直接运抵放蜂场地，但是其运费较高，通风性较差，所以多适用于中、短途运蜂。

一辆汽车装运蜂群的数量应根据汽车的吨位和车型而定。蜂箱装车的高度，距离地面不能超过 4 米。因为运行中的汽车前部比后部稳，所以装蜂的蜂箱应尽量在车厢的前中部，车厢后部堆放杂物。装车的顺序应是先装前面，再装后面；先装蜂群，后装杂物；先装重件，后装轻件；先装硬件，后装软件；先装方件，后装圆件或不规则件。蜂箱的巢门应尽量朝向前进的方向。由于车厢结构尺寸的限制，蜂箱巢门也可以朝向侧面。蜂箱互相紧靠，不留缝隙。强群应放在较通风的外侧，弱群放在车厢的中间。在车厢后部，还需留出押运人乘坐的位置。蜂箱全部装上车后，必须用粗绳将蜂箱逐排逐列地横绑竖捆，最后还需用稍细的绳索围绑成网状。蜂箱捆绑一定要牢固，否则会影响运输安全。

汽车拖斗震动很大，最好不用其装运蜜蜂。如果非用汽车拖斗运蜂不可，就一定要多装、装实，并捆绑牢固，切忌少装而分散，也不能装载过高。拖拉机运输蜜蜂与汽车拖斗相同。

为了多装载蜂群，减少运输成本，在装车时多不留通道，在运输途中无法随时启闭纱窗，也不可能对每个蜂群都洒水降温。因此，在蜂群转运之前，应在蜂箱中添加水脾，并且在巢门关闭后立即打开蜂箱的前后纱窗，加强蜂箱内的通风。汽车开动后，因连续震动和行车产生的凉风，会使蜂群暂时安静，但装在底层和中间等通风不良位置的蜂群还是有闷死的危险。汽车运蜂，最好在傍晚起运，中途尽量不停车。若运蜂途中停车，也应停放在通风阴凉处，并尽量缩短停车时间。到达放蜂场地后，应立即组织卸车，并迅速将蜂群排放安置好，尽快打开巢门。

在汽车运输途中，万一发生长时间堵塞、汽车故障、交通肇事、驾驶员急病等汽车不能正常行驶的情况，应立即将蜂群卸下，巢门背对公路排列在公路边上，打开巢门临时放蜂，放蜂应防止工蜂偏集。

在天气炎热的季节汽车运蜂往往由于交通堵塞、汽车故障等原因，使空气不流通，使蜂箱温度升高，造成箱内蜂群不安，严重的造成部分工蜂甚至全部死亡。

有的养蜂者采用开关巢门结合的汽车运蜂法。用这种方法运蜂，装车时蜂箱全部横放，排成一个单行和一个双行（图2-15）。

单行蜂箱和双行蜂箱之间，留出一条管理通道。单行蜂箱紧靠一侧车厢壁，低于车厢栏板的各层蜂箱巢门都朝向通道，高于车厢栏板的蜂箱巢门都朝向外侧。双行蜂箱中外侧一行紧靠另一侧车厢壁，中间一行蜂箱的巢门都朝向通道，靠车厢壁

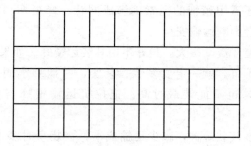

图 2-15　汽车运蜂装箱方法示意图（引自周冰峰）

一侧的蜂箱巢门朝向外侧。双行蜂箱中靠车厢壁的一行在车厢栏板以下的位置，因巢门无法随时启闭，只能放空蜂箱或弱群。在中间的通道上，装上用角铁或其他材料制成的支架，以防在运输途中，蜂箱向中间倒塌。蜂箱装好后，同样需要用绳索捆绑牢固。装车前先关团巢门，蜂箱装上车并捆绑牢固后，立即向巢门喷水，然后打开巢门马上开车。中途短时间停车，不超过 30 分钟，需加强向巢门喷洒水，抑制工蜂出巢；如果长时间停车，则需临时关闭巢门，以防工蜂过多飞失。停车后，由于卸车时较剧烈的震动和光线刺激等原因，工蜂反而更容易骚闹，稍不慎就会发生蜜蜂闷死事故。

　　运蜂车到达放蜂场地，先要根据蜜源植物开花泌蜜和蜂群的群势等情况，将蜂群从车上卸下，迅速排列好。随即向纱窗和巢门踏板喷洒清水，关闭纱窗，等稍微安静后再打开巢门。在高温季节卸下蜂群后，应密切注意强群的动态，发现有受闷的预兆时，应立即撬开巢门进行施救。汽车停靠地点应稳固，避免在卸车过程中解开绳索后车体晃动跌落蜂箱。

　　蜂群开巢门安顿后，过 5～6 小时蜜蜂出勤正常，就可以开箱拆除装钉，然后进行取浆移虫和蜂群的全面检查。检查的主要内容包括蜂王是否健在、子脾的发育、群势大小以及饲料贮存等。检查之后要及时对蜂群进行必要的调整和处理。如合并无王群、调整子脾、补助饲喂、组织采蜜群、抽出多余巢脾等。

2.2.10.5　远距离长途转地的管理

长途转地饲养的蜂群连续追花采蜜，其周年的生活主要可分为增长和生产两个阶段。此外，在北方越冬的蜂场，蜂群的周年生活还有越冬阶段。转地饲养的蜂群管理也应根据不同养蜂阶段的特点采取相应的管理措施。

（1）转地蜂群春季增长阶段的管理　春季是转地蜂群最主要的群势增长阶段。在不同地区，蜂群增长阶段的起始时间有所不同。长途转地的蜂场，一般元月前后在滇、桂、粤、闽等省开始饲养，两个月后进入川、湘、鄂、赣、浙等省继续饲养并逐渐进入生产阶段。也有许多长途转地的蜂场在川、湘、鄂、赣、浙等省开始早春饲养。此阶段的蜂群管理，应一切围绕尽快培育强群进行，具体饲养管理措施参照阶段管理。但应注意，在不同地区各项养蜂技术措施的标准和要求应有所不同。例如，在气温较低的江西、湖南、四川等地饲养，群势的密集程度比在云南、两广、福建等地饲养的蜂群更高。

（2）转地蜂群生产阶段的管理　在生产阶段，转地蜂群的管理应围绕着保持强群，提高蜂蜜、蜂王浆、蜂花粉等产品的优质高产为中心。维持强群是手段，提高产量是目的。转地养蜂与定地养蜂的最大不同就在于主要蜜源的连续。生产阶段的转地蜂群管理，既要提高蜂蜜、蜂王浆等产品的产量，又要适时培育适龄采集蜂，为下一个流蜜期的生产培养后备力量。

不同花期的蜂群管理，应根据天气、蜜源、蜂群以及下一个放蜂场地蜜源的衔接等因素综合考虑，制订方案。某一花期的管理重点，是以蜂群增长为主兼顾生产，还是以生产为主兼顾蜂群增长，或是生产和蜂群增长并举，这些战略性的决断是非常重要的。

一般来说，在花期较长的蜜源场地或几个蜜源花期紧紧衔接的情况下，刚进场时，巢箱少放空巢脾，适当限王产卵，还可以从副群中抽取正在出房的封盖子脾加强采蜜群的群势。但不宜将副群中的卵虫脾与继箱群中的空脾对调，以免造成采蜜群中哺育蜂负担过重和蜜源后期新蜂大量出房，影响转地安全。在流蜜期中，巢箱中放入一张空脾或正在出房的封盖子脾，以供蜂王产卵。此时若为采蜜主群补充采集蜂，可移走主群旁边的副群。蜜源后期，巢箱中调入 2 张空脾供蜂王产卵。在转运前，需加入 1～2 张可供蜂王产卵并有部分粉蜜的巢脾。这样管理的蜂群，有利于蜜源流蜜前、中期蜂群集中生产，后期促进蜂群势维持和增长，以保证下一个花期的生产。

在流蜜期取蜜，一般只取继箱中的成熟蜂蜜，最好不取巢箱中的贮蜜。在流蜜后期则应多留少取，使蜂群中有足够的成熟蜜脾，以利于运输的安全。

转地饲养的蜂群，需要培育更多的工蜂，所以蜂王更容易衰老。因此，在管理中除了合理使用蜂王外，还需每年在上半年和下半年粉源充足的花期各培育一批优质蜂王。

(3) 转地蜂群越冬阶段管理　长途转地的蜂场，9 月秋季最后一个蜜源结束大都在东北、华北或西北等地，此时气温日渐下降，而南方气温仍很高。为了保持蜂群的实力，借此断子治螨，很多蜂场就地越半冬后，11～12 月份再转地南方饲养。这阶段的蜂群管理，除按常规准备外，还必须提前进行蜂群的装钉。加继箱的蜂群，在蜂王停卵后应及时除去隔王栅，以免气温下降后由于蜂群上升到继箱结团而把蜂王隔在巢箱冻死。

越冬前期还应采取措施，使蜂王适时停卵，以保持蜂王和工蜂的生理青春，为下一年春季群势的快速增长、培育强群打下良好的基础。为了使蜂群早断子，可采取把蜂群放在阴冷处、延迟保温、扩大蜂路等措施，但要注意强寒流到来之前及时给蜂群保温。在最后一个主要蜜源应贮足蜜蜂越冬饲料，并提前结束取蜜，以防发生严重盗蜂。

以上西方蜜蜂种的养殖技术，是每位养蜂员必须熟练掌握的基本操作技术，只有在此基础上才有可能获得又好又多的各种蜂产品。

2.3 四季管理

2.3.1 春季管理

2.3.1.1 缩小蜂巢（紧脾）

早春蜂巢中巢脾过多，空间大，工蜂分散，不仅使蜂王因找巢房产卵爬行浪费时间、精力，影响产卵速度，也不利于保温、保湿。蜂与脾的关系，以每框巢脾两面布满蜜蜂为"蜂脾相称"；边脾能见到一半以上巢脾为"蜂少于脾"。要求第一次开箱检查蜂群时，抽出多余的空脾，达到蜂多于脾的程度，并缩小蜂路到 12 毫米左右。在有条件（有充足蜜、粉饲料）进行提早繁殖的地区，可以 2～3 框蜂放 1 框巢脾，以便于以后用蜜、粉脾喂饲和扩巢。

2.3.1.2 双王同群饲养

早春繁殖期，强群有足够的哺育蜂，因而发展迅速。弱群的哺育蜂少发展慢。可以把几群蜂合并为双王群，各留一只蜂王产卵，以加速繁殖，有利保温、保湿。其余的蜂王用囚王罩控制产卵，到适宜的时候再组织成双王群繁殖。

2.3.1.3 加脾扩巢

早春蜂王产卵正常以后，除了采取割开蜜盖、子脾调头等方法扩大产卵圈以外，根据蜂群情况适时加脾，是加速繁殖的重要措施之一。

繁殖初期蜂多于脾的蜂群，一般是在子脾上有三分之二的巢房封盖，或有少数蜂出房时加第一框脾；群势强的，在子脾面积达巢脾总面积的七八成时加脾；群势弱的，待新蜂大量出房时加脾。在加第一框脾时，由于外界气温还不稳定，蜜源稀少，所以须加蜜、粉脾或人工补喂蜜、粉。蜂群发展到5～6框时，如角蜜房（巢脾两角的蜜房）沿发白或有赘脾时，可加巢础框造脾。蜂群发展到7框以上时，如已进入流蜜期，并有自然分蜂的预兆，就应提先加继箱。在一般情况下（双王群例外），蜂群发展到8～9框时，可暂缓加脾。当蜂、脾关系从蜂少于脾发展到蜂、脾相称或蜂多于脾时，再加继箱。

2.3.1.4　箱内外保温

（1）一条龙排列蜂群　按蜂群数量前后排列成数行，蜂箱放在朝南屋前面10余米空旷泥草地上，通风良好，箱底垫草厚3～5厘米，各箱之间塞草束，箱盖覆草片。箱前斜靠草片既遮光控飞，又预防盗蜂。夜晚及低温阴雨雪天，用无毒薄膜从箱底翻覆箱盖。晴天将薄膜掀到箱后。箱内副盖上覆草帘，每行最外侧的蜂箱，箱内外侧填放部分草束，其他各箱内隔板外不加保温物。单王群3框蜂紧脾后留1脾放箱内侧，双王群4～6框蜂紧脾后每只蜂王各留1脾。放蜂巢中间隔离板的两侧，加脾时蜂路12～14毫米。巢门口对着巢脾（长江中、下游地区气候潮湿，巢门口对着巢脾，以利排湿。北方早春气候干燥、气温低，巢门宜开在靠边些）。注意温差，随时调节巢门大小。

（2）双箱并列或3～4箱并列蜂群　各箱空隙塞草，箱底垫草厚3～5厘米，副盖覆草帘，箱内用隔板分成暖区（产卵区）和冷区（饲料区），即箱内侧壁与隔板之间塞草，放1脾供蜂王产卵，外侧隔板外放1框蜜粉脾，无保温物，往后扩巢加脾时，先把冷区的巢脾加到暖区，冷区再补加蜜粉脾，依次加脾。

此外，晴天的中午要适当开大巢门，早晚或天冷时要随时缩小巢门，大小以工蜂出入不拥挤为度。巢门过小，不利于蜂群调温排湿和工蜂到巢门口在喂水纱布上采水，尤其是夜间喂饲时，蜜蜂吃蜜后所产的热，如因巢门过小得不到及时排出，会造成工蜂离子现象，影响蜂子发育。

2.3.1.5 喂饲蜂群

早春蜂群恢复活动以后，蜂王产卵逐渐增加，从每昼夜几十粒到几百粒，最后恢复正常。当蜂群中虫脾较少时，消耗饲料尚少，随着虫脾面积的扩大，就要消耗相当多的蜂蜜、花粉、水和无机盐。如果缺乏这些食物，就会影响幼虫发育。

为了促进蜂群繁殖，定地饲养的蜂群，在缩小蜂巢前 1～2 天先插入一框蜜、粉脾；缩小蜂巢时留下蜜、粉脾，提出其他多余的空脾。

2.3.2 夏季管理

2.3.2.1 管理要点

（1）防暑 夏季炎热的中午，在日光照射下，蜂箱表面的温度常比气温高出 10℃ 左右。因此，蜂箱不宜直接暴晒在日光下，更忌午后西向的日照。由于忽视遮荫工作，严重时会造成蜂巢、巢脾毁坠、卵虫干枯、幼虫及封盖蜂子受热而死亡和新蜂卷翅等症状。轻的也迫使工蜂剧烈地扇风散热，因而大量消耗饲料，巢内贮蜜常在短期内耗尽，蜜蜂寿命也有所缩短。防暑措施，如：把蜂箱放在泥草地上，避免烈日直射；蜂箱切勿放在水泥地面或朝西南墙脚边；给蜂箱遮荫和在箱盖上铺稻草、麦草；把蜂箱移放于树荫下，有条件的可搭凉棚。同时应注意蜂箱的通风，要打开箱盖窗或错开箱盖，扩大巢门等。当蜂场地面上的温度上升到 35℃ 以上时，可多喂水，必要时在 1/2 纱副盖上覆湿毛巾，以及在巢箱外部喷水，以降低箱内的温度。

（2）防敌害 夏季蜜蜂的主要敌害有胡蜂、巢虫、蛤蟆、蜘蛛、蚂蚁、蜻蜓等，山区以胡蜂为多，潮湿地区以蛤蟆为多。防胡蜂可安置防护栅，安置防护栅后，胡蜂不能进入栅内接近巢门，捕食不到蜜蜂，便扫兴地离开了。蜜蜂能经防护栅自由出入蜂巢，长期放置也不影响蜂群的正常生活。防巢虫则须保持巢内蜂脾相称，箱底板上的蜡屑、死蜂要经常清除。通常将蜂箱垫高 10～15 厘米从防蛤蟆。

2.3.2.2　有主要蜜源的地区

夏季是黄河以北地区养蜂的生产季节。在枣、乌桕、芝麻、棉花、草木樨、荆条、椴树等主要蜜源植物开花期，蜂群管理除及时更换蜂王，进行分蜂、造脾、采蜜、生产王浆，生产蜂毒等外，还须做好防暑、防害、防农药中毒的工作。

2.3.2.3　没有主要蜜源但有辅助蜜源的地区

为了能保持强群越夏，必须注意做好蜂群的复壮工作。箱内应留足食料，更换产卵差的老劣蜂王；对弱群要进行合并，或者组成双王群。此外，并采用强群和新分群互换巢脾来调整群势的方法，即把新分群已产满卵的巢脾或者连同幼虫脾，调到强群中去哺育；同时，把强群中已出房 60％ 的老封盖子脾补充给新分群，以充分发挥强群的哺育力和新分群蜂王的产卵力，促使蜂群迅速强壮。这样就能提高蜂群越夏期间调节巢内温、湿度的能力。与此同时，还要做好防治蜂螨的工作。根据此时蜂螨比较集中在雄蜂房内繁殖的特点，每箱搭配 1～2 框有部分雄蜂房的巢脾，待雄蜂房封盖后，将整片雄蜂房清除干净。

为了在夏季能维持蜂群的强大群势，增产优质王浆，应及时调节好各巢箱内的温度和湿度。随着外界气温不断上升，大量工蜂就会外出采水和扇风来调节巢内的温、湿度，就会出现蜜蜂离脾、蜂王停止产卵和卵不孵化及大量出房的新蜂爬出箱外死亡，群势大幅度下降，工蜂寿命缩短，以致造成蜂群秋衰。解决这个问题的方法是，当气温升高到 35℃ 以上，尤其是中午太阳直射，继箱中的蜜蜂受高温影响明显地向下部巢箱集结时，应保证蜂群有通风和遮荫的条件，并在纱副盖上加盖 1～2 块浸透清水的麻袋布。

2.3.3　秋季管理

秋季管理的主要任务是为蜂群越冬及来年的早春繁殖作准备，使蜂群的蜂王优、幼蜂多、群势强、食料足。因此，在管理中要防止蜂群出现 7 月强、8 月弱、9 月螨严重的现象。

2.3.3.1　更换蜂王

老、劣蜂王产子少，冬季死亡率高。因此，必须在初秋培育一批优良健产的新蜂王，以更换老劣蜂王及作为贮备蜂王。例如，江浙在棉花期、茶花期，华北在荆条花期，东北在椴树、苕条等花期培育蜂王，到来春产卵都较好。更换蜂王前，必须对全场蜂王进行一次鉴定，分批更换。对换下来的蜂王，可带一小部分蜜蜂组成小群进行繁殖，利用它们在培养越冬蜂中产一批蜂子，在停产时再淘汰。贮备蜂王的方法是将培育出来的新王，用四联交尾箱贮备，各室有蜂王 1 只，工蜂 1～2 框。越冬群单王群要有 4～6 框封盖子脾，双王群有 6～8 框封盖子脾；每群蜂贮备粉脾 1.5～2 千克重的 2 框，蜜脾 2～2.5 千克。从而新蜂出房时，巢内有充足粉蜜脾。

2.3.3.2　生产蜂毒

秋季是生产蜂毒的最佳时期，因为参加过采集酿蜜和哺育工作的工蜂，一般不能越冬，用这些工蜂可以大量生产蜂毒。秋季工蜂攻击性强，要注意防护。另外早、晚气温低，应对采毒蜂群适当保温，一般采毒场所应保持在 20℃以上。

2.3.3.3　培育越冬蜂

越冬蜂群强弱，尤其是越冬适龄蜂的多少，对于蜂群能否安全越冬和下一年生产的影响很大。越冬蜂群要用秋季培育出的幼蜂更新原有的工蜂。这些幼蜂由于没有参加过采集酿蜜和哺育工作，它们的各种腺体保持着初期发育状态，经过越冬以后仍具有哺育能力，所以是翌春蜂群繁殖的基础。羽化出房的幼蜂，后肠里积有粪便，只有在飞行时才能排泄掉。如果在秋季出房后没有来得及排泄，它们就不能安全越冬，还会影响整个蜂群越冬。因此，在培育越冬蜂时，到了一定的时候要迫使蜂王停止产卵。例如，在西北地区，蜂王停止产卵的时间，宜在9月中、下旬，使最后一批幼蜂能在10月中旬全部出房，以便它们在越冬前来得及飞翔排泄。在浙江，蜂群在11月中旬至12月上旬应迫使蜂王停产，这样出房的新蜂在晴天都能飞出排泄。

2.3.3.4 储备越冬饲料

全年最后一个采蜜期，要为蜂群越冬准备足够的蜜脾，以免临到越冬时进行饲喂，给越冬工蜂增加劳累，促使早衰。选留蜜脾的方法是，从最后一个流蜜期第一次取蜜开始，如果脾面平整、无雄蜂房、繁殖过几代蜂的优质巢脾上贮满了蜜，则不要取出来，放在巢的边侧封盖（每个蜜脾重约2～2.5千克），然后提出来存放在室内的空蜂箱里。留蜜脾的数量，按越冬期的长短来确定，在北方越冬的蜂群，每框蜂留1框蜜脾，严寒地区每框蜂留1.5框蜜脾，转地到南方繁殖的每框蜂留0.5～1框蜜脾。此外，还要留些角蜜脾和蜂蜜，每群共需贮备蜂蜜10～15千克。

若是全年最后一个流蜜期产量不稳定，应提前一个流蜜期选留蜜脾。

在秋季，还必须为蜂群在越冬之后的繁殖更新时期储备花粉脾，在北方繁殖的每群蜂需留2～2.5框粉脾，到南方繁殖的每群需留1.5～2框粉脾。在保存蜜脾和花粉脾期间，要注意防止巢虫和盗蜂。

如果事先没有留下足够的蜜脾，巢内的存蜜又不够用，就一定要按时喂足。例如：江浙在 12 月以前，山东在 10 月，北京地区在 9 月中、下旬，东北、西北地区在 9 月中旬进行饲喂。

用蜜喂蜂，加 5%～10% 的水，用文火化开即可。如果是从有病蜂群采的蜜，要用文火煮沸 20 分钟。用 70% 糖浆喂蜂，必须将糖浆煮沸 10 分钟，冷却后饲喂。应该在最后一批封盖子出房前 10 天喂结束，新蜂出房后不参加酿蜜。为便于喂到蜂群里的蜜、糖的水分蒸发，晚上喂蜂时要把巢门放大一些，早晨蜂群活动前再把巢门缩小，防止盗蜂侵入。

喂蜂要在傍晚工蜂停止活动后进行，用饲养器比较方便些。如果饲养器不够用也可以灌脾，灌脾时可以用洒水壶或漏斗。用巢脾灌蜜喂蜂的优点是蜜蜂吃得快，不淹死蜂。缺点是喂到差不多时，工蜂不往里边的巢脾上搬，而是在灌蜜的脾上搬来搬去。发现这种现象之后要把灌的蜜脾和蜂群里的巢脾距离放宽或放在木隔板的外边。无论用什么办法喂蜂，最好以一夜搬完为宜，以免引起盗蜂。

喂蜂时，要集中在 2～3 天内喂完，时间不能过长。蜂群喂完越冬饲料后，部分老蜂因劳累过度而提前死亡，有的群蜂数会有所下降，要在蜂群未结团前作一次全面检查。查蜂脾是否相称：蜂结团后如果边脾的蜂过多，可以在中间加 1～2 框半蜜脾。如果中间脾有空巢房，也可以贴着边脾加一框蜜脾，蜂团中间的巢脾必须有部分空巢房，这样对蜂群结团有利。顺便清理箱底和框梁上的蜡渣，以便于冬季管理。查越冬蜜是否充足：北京郊区和浅山区蜂群越冬蜜的标准是平均一框脾 1.5 千克蜜，一框蜂 2～2.5 千克蜜；深山区越冬期长和继箱群越冬蜜要多一些，发现存蜜不足要及时调整。包装时在蜂团附近加 1～2 框蜜、粉脾，对第二年春季蜂群繁殖十分有利。

越冬饲料的质量与蜂群安全越冬的关系很大。优良的蜂蜜，大部分被蜜蜂消化吸收，后肠积粪少。如果饲料的质量差，不被蜜蜂消化的物质多，后肠积粪多。过多的粪便使蜜蜂不安，不能很好地结团，严重时还会下痢。因此，容易结晶的蜂蜜，质量不好的甘蔗糖，甜菜糖都不能作蜂群的越冬饲料。

2.3.3.5　防治蜂螨

秋季蜂群群势下降，子脾逐渐减少，因此蜂螨寄生于每个封盖子房中的密度增加，蜂体寄生率相对上升。尤其是小蜂螨，这时危害更为猖獗。所以，在秋季必须彻底治螨。秋季治螨一般分两步进行。

第一步，在8～9月进行，结合秋季育王，在组织交尾群时提出封盖子脾，使原群无封盖子脾，并先对原群用药。待新群（交尾群）子脾出房，蜂王交尾成功，所产的卵孵成幼虫以后，对新群进行治疗。

第二步，在蜂群进入越冬并自然断子初期（各地断子始期不一），于9～12月进行药物治疗。秋季治螨务求彻底、干净。否则，蜂群越冬不安静，死亡率高，来年螨情发展快。秋季治螨必须注意两点：第一，用药前先喂蜜，以增强蜜蜂抵抗力，同时蜜蜂食蜜后腹部伸长，躲藏在腹部节间膜里的蜂螨暴露，能充分发挥药效；第二，在人为断子时，蜂群中必须留虫、卵脾，至少有卵脾一框。因为在蜂群无子情况下，用药治螨可能使蜂王停产，影响培养越冬蜂。若巢内有虫、卵脾，可刺激工蜂继续工作，提高蜂王产卵的积极性，并有利于保持蜂群中各龄蜂的比例。

2.3.3.6　预防盗蜂

秋季蜜源终止时，容易发生盗蜂，应将蜂群散放并适当缩小巢门。喂饲、检查等工作应在早晚进行，箱外蜜迹及沾有蜂蜜的蜂具要处理干净。尤其是带蜜的巢脾和盛蜜容器等要严密封盖后放在室内阴暗处，勿使蜂钻入。

2.3.3.7　适时囚王断子

秋末当外界条件不很适宜蜂群繁殖时，蜂王产卵逐渐减少，为了哺育少量子脾，不仅增加食料消耗，并且影响蜜蜂寿命和治螨工作，反而使群势下降。为了保持越冬群势和工蜂与蜂王的生理青春，可以在蜂群培育越冬蜂的后期，开始时以蜜、粉充塞巢房，压缩产卵圈，继而用蜂蜜浇灌仅有的少量卵虫脾，浇2～3次后蜂王就会停产。同时将蜂群搬到较阴凉的地方，巢门朝北面，蜂路扩大到15～20毫米，并从蜂巢中提出花粉脾，撤除保温物，创造使蜂王提早断子，蜂群提早结团的环境。

在强迫断子以后，各地应根据气温变化，必须在11～12月中将蜂群从较阴凉的地方转移到向阳干燥位置越冬，或转地去南方。目前多采用囚王办法，强迫蜂王停止产卵。

囚王是将蜂王囚禁王栅笼或囚王罩里，现在用的王栅笼是5厘米×3厘米×1.5厘米，四周用隔王竹条制成。蜂王被关进去后，吊在蜂巢中，立即不能产卵，且活动范围小，会引起生理生殖障碍。来年春繁时，用王栅笼囚禁过的蜂王产卵少，优王变劣王。还会发生随着越冬蜂团内移，王笼脱离蜂团，蜂王受冻伤亡。如果使用囚王罩（规格15厘米×3.5厘米×1.6厘米），上面用竹制隔王条，四周可嵌装硬塑料片，其下沿为锯齿状（图2-16），囚王前，必须缩小压卵圈，促使蜂王缩

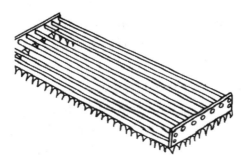

图 2-16　囚王罩（引自周冰峰）

腹，减少产卵，工蜂可以自由进出，蜂王只能在囚王罩内活动，然后将囚王罩移在蜂巢中央的巢脾上越冬。实践证明，在囚王罩中越冬的蜂王，翌年初春产卵正常。

2.3.4　冬季管理

2.3.4.1　冬季气温高于－20℃以上地区室外越冬

（1）越冬蜂群的准备　北方弱群在气温12℃、强群在7℃时开始结团，过弱的蜂群越冬死亡率高，要求越冬蜂群群势（长江中下游取低限，寒冷地区取高限）单王群3～6框蜂，双王继箱群7～8框蜂，3框蜂以下的弱群组织双王平箱群越冬。布置蜂巢时，单王群半蜜脾放中间，大蜜脾放外侧；双王平箱群半蜜脾放隔离板两侧，大蜜脾放半蜜脾外侧；继箱群在巢箱放半蜜脾、空脾，继箱放大蜜脾。一般多放1～2框脾，使蜂少于脾，但蜂巢内要有2～3框巢脾大的空间，以便蜂团伸缩和气体交换。

（2）越冬包装　晚秋太阳阳光辐射不如春季相同气温条件下强烈，蜜蜂外出容易冻僵，包装不宜过早，一般在温度降到0℃以下开始包装。北方越冬蜂群，箱内只在副盖上覆5～6层吸水性良好的纸或覆布，并将纸或覆布折起一角，防止蜜蜂受闷。箱外包装可以20～30群为一组，也可以8～10群为一组或2群为一组。20～30群成排的大组包装有利于保温。为防止春季蜂群开始活动后发生偏集，可以用不同颜色或新、旧蜂箱间隔着放。也可以采用长排分组的办法，隔3～4群放一只空蜂箱。

10月下旬，蜂群已进入断子期，为了减少工蜂因大量活动而造成体力和饲料消耗，可用草帘遮盖蜂箱，减少巢内昼夜温差，等到"小雪"节气前后才进行箱外包装。包装时用草帘把蜂箱左、右和后面围住，也可以用土坯、秸秆、玉米秸等围成圈，外面抹一层泥，蜂箱周围和两个蜂箱之间塞上草，上面再盖草帘。包装要用干草,其保温性能好,如山草、稻草、麦秸、豆叶、树叶等。箱底垫草 15~20 厘米(压紧),蜂箱周围塞草 10~15 厘米,并要塞实。蜂箱前壁(留出巢门)也用草帘包上(图 2-17)。巢门前用土培一个斜坡,把垫箱底的乱草压住,以防止刮风时乱、树叶堵塞巢门。

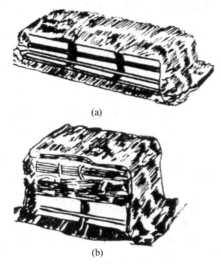

(a)

(b)

图 2-17 蜂群越冬包装

(a)巢箱包装;(b)加继箱包装

(3)调节巢门 蜂群结团后,进入越冬期,各群的巢门约 6~7 毫米高,以免老鼠钻进去为害。巢门宽度,弱群双群同箱群留 60~70 毫米,中等群(单箱)留 80~90 毫米,强群(继箱群)留 50~60 毫米。蜂箱里面空间大,巢门可留小一点;空间小,巢门则留大一点。蜂群越冬期间,由于巢门小而发生问题的较多,因巢门偏大而发生问题的反而少,所以还是以"宁冷勿热"为佳。

(4)越冬期检查蜂群 在越冬期间,无特殊情况不能随便开箱检查蜂群,主要根据箱外观察来判断箱内情况。

失王:蜂群越冬期间,有时也会发生失王现象。蜂群失王以后，晴暖天气的中午会有部分蜜蜂在巢门内外徘徊不安和抖翅。开箱检查，如果确是失王，则诱入贮备蜂王，或与弱群合并。

缺水：蜜蜂在越冬期间吃了不成熟或结晶的饲料，能引起"口渴"。蜜蜂口渴的表现是散团，巢门内外有一部分蜜蜂表现不安。用洁净的棉花或纸蘸水（水内不能加糖或蜜）放在巢门口试一下，如果有工蜂吸水，则说明不安是由于缺水引起的。对于这样的蜂群，要及时用成熟的蜜脾，没有蜜脾可将蜂蜜（不加水或只加 2%～3% 的水）用文火煮开，灌脾，将箱内的蜜脾换出来。

工蜂缺水与失王表现的区别是：失王是个别群，缺水是多数群；失王群的工蜂抖翅不采水，口渴群的工蜂采水不抖翅。

缺蜜：越冬后期，在一般蜂群很少活动的情况下，如果有的蜂群的工蜂不分好坏天气，不断地往外飞，则可能是箱内缺蜜。对于这样的蜂群要及时搬到室内检查，如果确是缺蜜，则加进蜜脾，抽出空脾，等蜜蜂全部上脾并结团之后再搬出去，依旧做好包装。没有蜜脾，可以用熟蜜 1 份，白糖 4 份，混合揉成糖棒，插入蜂团中心喂饲。

2.3.4.2 冬季气温降到零下 20～30℃ 的地区，蜂群可采用室内越冬

（1）越冬室设备　越冬室墙壁、天花板以及双重门，应具有良好保温的性能。越冬室应装有出气和进气的通风气筒，进气筒的下口近地面，并可调节温、湿度。室内完全黑暗，避震防湿。地下水位离地表超过 3.5 米的干燥地段，可设计地下越冬室。地下水位离地表超过 2.5 米的，可设计半地下越冬室，露出地面的墙，再堆土保温。如地下水位离地表不到 2.5 米，应设计地上越冬室，加厚保温墙。越冬室高度一般约 2.5 米。宽度根据放置蜂箱的排数而定，放两排蜂箱宽约 2.7 米，放四排的约 4.8～5.0 米。长度按放置蜂箱数而定。蜂箱宜摆放在

高约 0.4 米的木架上，每个箱位可摆放蜂箱 3～4 层。下放强群，上放弱群。住宅下面的地窖或仓库也可改造成越冬室加以利用，但必须洁净、干燥无异臭。

(2) 蜂群入室时间　蜂群尽可能地利用最迟的温暖天气作入室前最后一次飞翔排泄。蜂群入室过早，常使蜜蜂闷热不安，造成损失。一般气温 −4～−5℃，或见冻土 5～6 厘米深，寒冷已经稳定，但大地尚未经常积雪前蜂群入室，先入弱群，后入强群。

(3) 入室后管理　尽量少开箱检查，主要是通过观察和听测蜂群保持越冬室稳定的状况。

① 保持越冬室良好条件。要防止下列几种情况发生。

防热。过热多发生在入室的初期和后期，受热不安的蜂群可暂时抬出室外，强群宜早出室，室温要经常保持 0～−2℃。越冬室的温度上升，会形成大量的湿气，使巢脾生霉，蜂蜜吸湿变稀溢出，且会发酵变酸，引起蜜蜂下痢死亡。时间长会产生大量湿气，要趁中午或天暖时扩大通气筒阀门排除湿气。室内如有挂霜处，是漏风的结果，要修补好，间接以火加温时，要注意防火和防止煤气中毒。

防潮湿。越冬室的相对湿度宜保持在 75% 左右。入室前把室内风干或烤干，地面铺一层干燥的沙子、木屑或炉渣，越冬饲料要用成熟封盖蜜脾，缩小巢内空隙，覆布如蜂蜡、蜂胶黏着多要煮沸洗涤再用。蜂群入室后如发现湿度大，要适当提高室温及通风排湿，或用草木灰、干木屑等吸湿。

防光线。室内要保持完全黑暗，在离通气筒下 30 厘米处应挂一块挡光板，检查蜂群时手电筒用红布蒙上，以防刺激蜜蜂活动。

防惊动。越冬蜜蜂需要绝对安静，在正常情况下越冬蜜蜂是不排粪的，时间愈长愈难忍受。因此，任何惊动都能引起下痢，只要个别蜜蜂开始下痢，就会引起其他蜜蜂下痢，死亡严重。所以出入动作要轻，如非必要，不必开箱。入室的头两个月，蜂群安静，每月只需进室查看 2～3 次。越冬后半期及开始融雪时，每 2～3 天查看一次。临近出室时就要天天检查。

② 听测。用听诊器或橡皮管从巢门伸入巢内，初听没声音，细听声音均匀，用手指轻弹蜂箱，蜜蜂立即发出"唰唰"的响声，且很快消失，是正常现象。箱底有蜂活动，并发出"呼呼"的声音，是过热，要降温。蜂团很紧，发出一种"唰唰"声音，是过冷，要保温。蜜蜂有骚动声，往外爬，往外飞，是干燥口渴，要调节温度；如听声音经久不息，蜂团散开，是缺蜜或蜜结晶所致。根据听测的情况对越冬室的条件进行调整。

2.4 蜂产品生产技术

养蜂生产的主要产品有蜂蜜、蜂王浆、蜂蜡、蜂花粉、蜂胶、蜂毒以及蜂群（为温室及瓜、果授粉等）。这些蜜蜂产品根据其来源可分为三类：①由蜜蜂采集并加工后形成的产品，如蜂蜜、蜂花粉、蜂胶等；②由蜜蜂体内腺体分泌的产品，如蜂王浆、蜂蜡、蜂毒等；③出售及租用蜂群为农作物授粉。所有蜜蜂产品的生产，都需要根据蜜蜂生物学特性和外界环境条件，采用专门的蜂群管理和采收技术。

2.4.1 蜂蜜生产技术

蜂蜜有两种商品形式，即分离蜜（简称蜂蜜）和巢蜜。我国养蜂生产的蜂蜜，绝大多数都是分离蜜。分离蜜是脱离巢脾的液态蜂蜜。分离蜜的生产：一般是将蜂巢中的贮蜜巢脾放置于摇蜜机（又称分蜜机）中，通过离心作用使蜂蜜脱离巢脾。

2.4.1.1 采收蜂蜜的准备

(1) 工具准备 在蜂蜜采收前，应准备好摇蜜机（图 2-18）、割蜜刀、滤蜜器、蜂刷、蜜桶、提桶、喷烟器、空继箱等工具，必要时还要准备防盗纱帐。在蜂蜜采收前，必须清洗所有与蜂蜜接触的器具，并清理取蜜场所的环境。分蜜机的齿轮和轴承应用食用油润滑。为了防止灰尘污染和流蜜后期的盗蜂，取蜜作业最好在室内进行。转地蜂场往往条件较差，如果在流蜜初期和盛期没有风雨的天气，取蜜可以在蜂箱后的空地上进行。流蜜后期盗蜂严重时，取蜜就应在防盗纱帐中或室内进行。

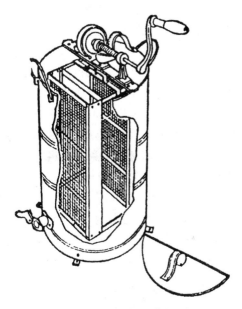

图 2-18　两框摇蜜机

大中型蜂场需有取蜜车间，并在取蜜车间配备蜂蜜干燥室，装备起重叉车，用于搬运蜂箱和蜜桶。取蜜车间还装置切蜜盖机、大型电动分蜜机（彩图 3）、蜜蜡分离设备、蜜泵、滤蜜器等采蜜设备。有些蜂场还将各种采收蜂蜜的设备和一台发电机安装在一辆卡车上，形成流动的采蜜车间，在各放蜂点巡回采收蜂蜜。

(2) 采收步骤　主要包括脱蜂、切割蜜盖、摇取蜂蜜、过滤和封装。

① 脱蜂。蜜脾在蜂箱中，任何时候都附着大量的蜜蜂。在采收蜂蜜时，应先在蜜脾提出之前去除脾上的蜜蜂，这个过程就是脱蜂。手工抖蜂是脱蜂主要操作，就是用双手握紧蜜脾框耳，对准蜂箱内的空处，依靠手腕的力气，突然将蜜脾上下迅速抖动 4～5 下，使蜜蜂猝不及防脱离蜜脾落入蜂箱。抖蜂后，如果脾上仍有少量的蜜蜂，可用蜂刷轻轻地扫除。巢脾满箱的蜂群，在无盗蜂的情况下，脱蜂前可先提出 1～2 张脾，靠放在蜂箱外侧或放在预先准备好的空继箱中，蜂箱中留出来的空位便于抖蜂。抖蜂操作应注意：巢脾要始终保持垂直状态，巢脾不可提得太高，巢脾在提起和抖动时不能碰撞蜂箱的前后壁和两侧巢脾，以防挤压蜜蜂使蜂性凶暴。最好先找到蜂王，把带蜂王的巢脾靠到边上后，再抖其他巢脾。如果蜂性凶暴，可用喷烟器向蜂箱内适当喷烟以镇服蜜蜂，待蜜蜂安定后再继续进行操作。箱内喷烟时应注意不能将烟灰喷入箱内，以免污染蜂巢中的贮蜜。用浅继箱或继箱取蜜不用手工抖蜂脱蜂，可用吹风机从蜂路中将蜂吹入巢箱中。

② 切割蜜盖。巢内的贮蜜酿制成熟后蜜蜂就会用蜂蜡将蜜房封盖，因此，脱蜂后，在分离蜂蜜之前还需把蜜盖割开。切割蜜盖采用手工切割。普通冷式割蜜刀在使用前应先磨利。切割蜜盖时，将巢脾垂直竖起，割蜜刀齐着巢脾的上框梁由下向上拉锯式徐徐切割。切割蜜盖应小心操作，不得损坏巢房，尤其不能损伤子脾。

切割下来的蜜盖用干净的容器盛装，待蜂蜜采收结束再进行蜜蜡分离处理。蜜蜡分离的常用方法是：将蜜盖放在铁纱或尼龙网上静置，下面用容器盛接滤出滴下的蜂蜜。

③ 分离蜂蜜。分离蜂蜜的方法：采用离心式摇蜜机分离蜂蜜。根据离心作用原理设计的摇蜜机种类很多，基本上可分为手摇蜜机和电动摇蜜机两大类。目前普遍使用的是两框固定手摇蜜机（图 2-18）。这种摇蜜机构造简单、造价低、体积

小、携带方便。在使用时，下面有蜂蜜流出口的分蜜机应放在机架上使用。机架的高度应使流出口下面能放下一承接蜂蜜的提桶，其摇把的高度宜与操作者肘部等高。切割蜜盖之后，将蜜脾放入分蜜机中的固定框笼中。为了使分蜜机框笼在转动时保持平衡，避免分蜜机不稳定或振动太大，同时放入的两个蜜脾重量应尽量相同，巢脾上梁方向相反。用手摇转分蜜机，最初转动缓慢，然后逐渐加快，且用力要均匀。摇转的速度不能过快，尤其在分离新脾中的蜂蜜时更应注意，以防止巢脾断裂损坏。在脾中贮蜜浓度较高的情况下，由于蜂蜜黏稠度大不易分离，应在将蜜脾一侧贮蜜摇取一半时，将巢脾翻转，取出另一侧巢房中的贮蜜，最后再把原来一侧剩余的贮蜜取出，这样可以避免蜜脾在加速旋转的分蜜机中，朝向分蜜机内侧的压力过大而造成巢脾损坏。如果使用不开流蜜口的分蜜机，在取蜜时，当取出的蜂蜜快积到框笼内的巢脾下的框耳时，就应将蜂蜜倒出来。

在低气温的季节取蜜，应保持蜜脾温度在 25℃ 以上。蜜脾温度过低易使巢脾中贮蜜黏稠度增大，不易分离。巢脾在低温中变脆，在摇取蜂蜜时容易损坏。一般来说，从蜂箱中脱蜂后直接取蜜，不存在此问题。如果蜜脾早已脱蜂取出，准备集中分离蜂蜜，就应将这些蜜脾在温室中放置一夜后再进行分离。为了提高采收蜂蜜的浓度，蜜脾封盖后还要放入干燥的温室中继续排除蜂蜜中的水分。干燥室的温度控制在 35℃ 左右。从干燥室中取出的蜜脾也正适合切割蜜盖和分离蜂蜜。

④ 取蜜后处理。分离出来的蜂蜜需经双层铁纱滤蜜器过滤，除去蜂尸、蜂蜡等杂物，将蜂蜜集中于大口容器中澄清。1～2 天后，蜜中细小的蜡屑和泡沫浮到蜂蜜表面，沙粒等较重的异物沉落到底部。把蜂蜜表面浮起的泡沫等取出，去除底层异物，将纯净的蜂蜜装桶封存。

按蜂蜜的品种、等级分别装入清洁、涂有无毒树脂的蜂蜜专用铁桶或大的陶器中。蜂蜜装桶以 80％ 为宜。蜂蜜装桶过满，在贮运过程中容易溢出，高温季节还易受热胀裂蜜桶。蜂蜜具很强的吸湿性，因此蜂蜜装桶后必须封紧，以防蜂蜜吸湿后含水量增高。贮蜜容器上应贴上杯签，标注蜂蜜的品种、浓度、重量、产地及取蜜日期等。作为商品的蜂蜜应尽早送交收购部门验收，一时难以调运或自留处理的蜂蜜，应选择阴凉、干燥、通风、清洁的场所存放。严禁将蜂蜜与有异味或有毒的物品放置在一起。

取蜜之后，多余的空脾中还残留少量的余蜜，应将这些巢脾放置隔板外侧，或流蜜期后放置在继箱上，让蜜蜂清理干净后撤出。每群蜜蜂一次可清理1～2个继箱的空巢脾，清理2～3天就可将这些巢脾收存。

室外取蜜作业分工：一般3人配合效率最高，1人负责抽脾脱蜂，1人切割蜜盖，这2人还要兼管来回传递巢脾和将空脾归还原箱，还有1人专负责分离蜂蜜。室内操作只需几人负责割蜜盖，一开动电动摇蜜机即可。

2.4.1.2 生产技术

(1) 浅继箱取蜜 在巢箱上加1～3个浅继箱饲养蜂群，定期检查浅继箱上蜂蜜封盖状况，根据封盖状况添加新的浅继箱。并将已大部分封盖浅继箱脱蜂后，带回固定的蜂蜜生产室储存。待秋天在封闭无污染的室内将蜂蜜用电动摇离机分离出来，并立刻灌装封盖。这种方式生产出的蜂蜜，保证成熟优质、无污染、纯天然。而且在流蜜期也不影响蜂群的正常生活，蜂群对疾病抵抗力强，不易发生各种疾病。

浅继箱取蜜技术要求必须准备好大量安装好巢础的浅继箱供替换，如图2-19。除用手抖脱蜂外也可用小型吹风机脱蜂如图2-20所示。

(2) 继箱取蜜 在非主要流蜜期虽然流蜜量不是特别丰富，而蜂群依然可以存蜜。那时在继箱上放上半蜜脾或空脾，将蜂王限制在巢箱上，待继箱上个别蜜脾大部分封盖，即提出

图 2-19 备用浅继箱   图 2-20 吹风机脱蜂

在生产室储存，积累一定量后再分离出蜂蜜。这种方法生产出的蜂蜜含水分低、污染少、品质好。

(3) 抽脾取蜜 在流蜜期，依据蜂群内各巢脾贮存蜜的状况及时抽脾取蜜。这种生产方法能获得较高产量，但蜂蜜不同程度地受到污染，含水分高，杂质多，而且严重影响蜂群正常生活。随着对蜂产品质量要求日益提高，应逐渐淘汰这种生产技术。

在流蜜期，一般需每隔 3 天检查一次。具有 1/2 以上的蜜房已完全封盖，其余正在封盖的巢脾，便可以采收。应以采收贮蜜区的蜂蜜为主，尽量不取育虫区的蜂蜜，以免使分离蜜中混入过多的花粉和水分而影响蜂蜜质量。

采收蜂蜜时应避免影响蜂群的采集活动时间以减少采收刚采集回的花蜜，因此，取蜜一般应在清晨进行。低温季节，为了避免过多地影响巢温和蜂子发育，取蜜时间应安排在中午气温较高的时间进行。

2.4.2 巢蜜的生产技术

巢蜜是蜜蜂采集并充分酿造成熟的优质蜂蜜，贮存在特制的新巢脾中形成的小块封盖蜜巢蜜营养丰富、蜜纯质优、卫生可口、外形美观，深受人们的喜爱，是高档次的天然蜂蜜产品。

巢蜜中的蜂蜜在用新蜂蜡筑造的巢脾中封存，保证了蜂蜜天然成熟，能够更多地保留蜜源花朵所特有的清香，完整地保留蜂蜜中所有的营养成分。巢蜜减少了分离蜜在分离、包装和贮运过程中的污染和营养成分的破坏，因此，其酶值、含水量、羟甲基糠醛、重金属离子等质量指标均优于分离蜜。此外，巢蜜还具有蜂巢的作用，能清洁口腔。

巢蜜的美观外形能引起人们极大的兴趣。包装在透明塑料盒中的巢蜜，或浸在浅色半透明液态蜂蜜中的小巢蜜块，由淡黄色的蜂蜡构成极规则的六角形巢房的巢脾，贮满了纯净、芳香的蜂蜜，给人以一种天然的艺术享受，增加人们对蜜蜂和蜂蜜的认识。在 20 世纪初，巢蜜在欧、美国家非常盛行。随着我国人民消费水平的提高，巢蜜在国内市场的消费量也将逐年增大。

巢蜜有三种商品形式：格子巢蜜、切块巢蜜和混合巢蜜。格子巢蜜是用特制的巢蜜格，镶装特薄巢础造脾，贮蜜成熟全部封盖后，包装出售的蜂蜜产品，形状有方形、长方形、圆形和六边形。每块质量通常为 200～350 克。切块巢蜜是将大块巢蜜切割成一定大小和形状的小蜜块。混合巢蜜是将切块巢蜜放在透明容器中，注入同蜜种的分离蜜所形成的蜂蜜商品。

2. 4. 2. 1　生产条件

巢蜜生产的条件比分离蜜的生产要求更为严格，不是任何能生产分离蜜的地方都适于生产巢蜜。巢蜜生产主要应具备蜜源和蜂群两方面的条件。

（1）蜜源条件　巢蜜生产需要巢蜜格贮蜜快速、封盖完整。从蜜格巢脾放入蜂箱贮蜜到贮蜜巢房全部封盖，这段时间越短越好，尽量减少巢蜜在蜂箱中停留的时间。因此，巢蜜生产的首要条件，就是要有花期长、泌蜜量大的蜜源。

巢蜜应色泽美观、口感好，这就要求生产巢蜜的蜜源，其蜂蜜色泽浅淡、气味清香、不易结晶。如刺槐、党参、紫云英、荆条、苜蓿、椴树、柑橘、荔枝、龙眼、草木樨等都是巢蜜生产的理想蜜源。油菜蜜和棉花蜜容易结晶，结晶的巢蜜影响商品外观，很难销售。

（2）蜂群条件　选择 12 框蜂以上、健康无病、具有优质蜂王的蜂群生产巢蜜。当主要蜜源开花时，撤去原来的继箱，将蜂王和面积大的子脾留在巢箱里。多余的巢脾（包括部分虫卵脾），将蜂抖落后调给其他蜂群。再在巢箱上加已安好巢蜜格的巢蜜继箱（浅继箱），然后进行管理。

（3）巢蜜生产工具　生产巢蜜的工具包括巢蜜继箱、巢蜜格、巢蜜盒和巢蜜框架等。

巢蜜格：用薄木板或塑料制作的小框梁，通常采用方形、长方形和圆形格（图 2-21）。欧、美等国使用方形巢蜜格尺寸为 107.95 毫米×107.95 毫米×47.625 毫米、107.95 毫米×107.95 毫米×38.1 毫米，带蜂路的巢蜜格为 107.95 毫米×107.95 毫米×39.875 毫米。长方形巢蜜格是 101.6 毫米×127 毫米×34.92 毫米。圆形巢蜜格外径 100 毫米，厚 38.5 毫米。有的在巢蜜格三边中线开缝，以便安装巢础。中国采用的是 98 毫米×72 毫米×26 毫米不带蜂路的和 100 毫米×70 毫米×30 毫米带蜂路的长方形巢蜜格。

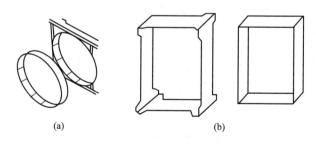

(a)　　　　　　　　(b)

图 2-21　巢蜜格

（a）圆形格；（b）方形格

巢蜜盒：巢蜜的外包装，按巢蜜的形状、大小设计。可用纸板或透明塑料等材料制作。

薄型巢础：生产格子巢蜜必须采用纯净蜂蜡特制的薄型巢础。生产大块巢蜜用的是普通巢础，比格子巢蜜用的巢础稍厚。

巢础模盒：木板制成的切开巢础的模型。在盒的两个长壁上，按需要规格预先锯成细缝，用时将若干张长条形巢础整齐地叠在盒内，用薄刀或弓锯缝将巢础裁开。

巢础垫板：将大小比巢蜜格内围小两三毫米、形状与巢蜜格相同的小木块乳胶粘在一块大木板上，各块间距离20毫米，每块板上粘的木块数常为10～12块。木块高度略小于巢蜜格厚度的一半，使巢础片正好镶嵌在巢蜜格的中间。使用时，将巢蜜格套在木块上，置切好的巢础片于格内，用熔化的蜂蜡把巢础固定在巢蜜格中。

巢蜜格框架：框式架（图2-22）内围长度根据巢蜜格多少而定，宽度与蜜格相同。

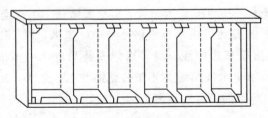

图2-22 巢蜜格框架

另一种框式架—是由两个半框架成的圆形巢蜜格框，由两个半框，8个圆圈和一片巢础，组合成一个整框，其厚度只有普通的一半，用于生产圆形巢蜜。使用时将两个半框架用螺钉固定（图2-23）。

2.4.2.2 生产技术操作

（1）加巢蜜格造脾和贮蜜　有两个蜜源衔接的地区，利用

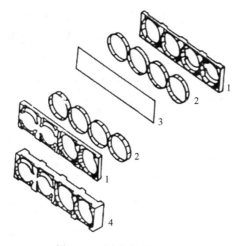

图 2-23　圆形巢蜜格框架

1—半框；2—圆圈格；3—巢础；4—组合成的一个整框可生产四块圆形巢蜜

前一蜜源造脾，后一蜜源贮蜜；只有一个主要蜜源的地区，在主要蜜源未流蜜之前，宜先用蜜水喂足蜂群，促使加速造脾。用巢蜜框架生产巢蜜时，采用两个巢蜜继箱，每层巢蜜继箱放3 排巢蜜格框，上下相对，与封盖子脾相间放置（图 2-24）。

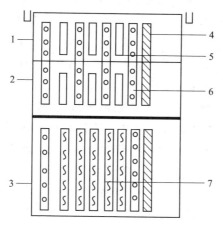

图 2-24　巢蜜框架与封盖子脾相间放置示意图（引自周冰峰）

1,2—浅继箱；3—巢箱；4—隔板；5—巢蜜框架；6—封盖子脾；7—卵虫脾当巢蜜格框贮上一半蜂蜜后，将封盖子脾放回巢箱，将巢蜜框架集中在一个巢蜜继箱内，同时加第2个巢蜜继箱。第2个巢蜜继箱加在第1巢蜜继箱的上面，等到第2巢蜜继箱内的巢蜜格脾造好时，将第2巢蜜继箱移到第1巢蜜继箱的下面，即巢箱之上（图2-25）。

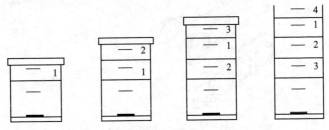

图 2-25　添加巢蜜继箱顺序（引自周冰峰）

（2）控制自然分蜂　用于生产巢蜜的是经过选择的强大蜂群，生产期间把两个箱体减为一个箱体，上面只加一个巢蜜继箱时，容易促成分蜂热，发生自然分蜂。控制分蜂可采取两种方法。

① 生产巢蜜的蜂群必须采用当年培育出的优良蜂王，每隔5～7天检查蜂群一次，及时毁除所有发现的王台，同时让蜂群生产王浆，扩大蜂门。采用框架生产的，可以加两个巢蜜继箱，以适当扩大空间。必要时，将巢蜜生产群刚封盖的子脾与一般蜂群的幼虫脾交换。

② 生产巢蜜的蜂群内如发现王台，立即毁除，以后每隔三四天进行1次检查。在第2次检查时可能会找到更多的王台，这时应将蜂王杀死并毁掉所有王台。在除去蜂王后的第4天，应再次检查各群，并把所有的王台毁除。除去蜂王后的第8天，在毁掉所有王台后，诱入一个成熟王台或一只新产卵的蜂王。

（3）平整封盖　蜜蜂习惯于在同一方向造脾，或者把蜂蜜装在巢脾后半部，前半部贮蜜较少，或因外界流蜜量大或饲喂量忽多忽少，容易出现封盖不平整的现象。为此，框架生产巢蜜，在每行（或每两框）之间宜加一薄木板控制蜂路，以免蜜蜂任意加高蜜房；每次检查和调整巢蜜继箱时，将巢蜜继箱前后调头放置，促使蜜蜂造脾、贮蜜均匀；主要蜜源流蜜量大时，及时添加装有蜜格的继箱；饲喂时，根据贮蜜情况，掌握适宜的饲喂量和饲喂时间。

当主要蜜源即将结束，蜂箱内有部分巢蜜格尚未贮满蜜或尚未完成封盖时，可用同一品种的蜂蜜饲喂，早晚各一次，每次 1.5 千克。如果蜜格内已贮满蜜，但未封盖，可于每晚酌量饲喂，促使封盖。如果巢蜜格中部开始封盖，周围仍不完满，则限量饲喂，饲量不可过大。为便于加强通风，饲喂期间不宜盖严覆布。

（4）采收与包装 巢蜜格贮满蜜并已全部封盖时，须及时取出。巢蜜格的封盖不可能完全一致，故须分期分批采收，切勿久置蜂群中，以防止蜡盖上由于蜜蜂往来而留下污迹。采收巢蜜用蜂刷驱逐蜜脾上附着的蜜蜂时，动作宜轻，以免损坏蜡盖。成批收获可用脱蜂板或吹蜂机，切不可用喷烟器驱蜂，以免蜜蜂受刺激后吸吮贮蜜和烟灰污染蜡盖。采回巢蜜后，用不锈钢薄刀片割去蜜格的边沿和四角上的蜂胶、蜡瘤及其他污迹。不能刮去的蜂胶污迹，可用纱布浸稀酒精擦拭。对完成的巢蜜可选择不易渗透封盖的熏蒸剂熏杀巢虫。整修巢蜜格时，对巢蜜格逐个挑选、分级、称重，分别用玻璃纸或无毒塑料薄膜封装，放入有窗口的纸板盒内或无毒透明的塑料盒内。

2.4.3 蜂王浆生产

蜂王浆是由蜜蜂工蜂头部的王浆腺和上颚腺分泌的乳白色或淡黄色、略带甜味和酸涩味的乳浆状物质，是蜂王终生食物，所以被称为蜂王浆。蜂王浆也是工蜂和雄蜂小幼虫的食物，故也有人称之为蜂乳。

蜂王浆生产的基本原理是利用蜂群育王过程中，在王台中大量堆积蜂王浆哺育蜂王幼虫的特性，人为地创造条件培育蜂王，当王台中蜂王浆堆积量最多时，去除蜂王幼虫以获取蜂王浆。蜂王浆生产需解决两个问题，就是要有积极培育蜂王的蜂群和大量的有蜂王幼虫的王台。在哺育力过剩的强群中，用隔王栅分隔出无王的产浆区和有王的育子区。产浆区无王且哺育力过剩，培育蜂王的积极高。人为地制造大量的人工台基。根据3日龄以内工蜂幼虫可培育成蜂王的特性，在台基中移入工蜂小幼虫，放入产浆区后蜂群就会向移入工蜂小幼虫的人工王台中堆积蜂王浆。

2.4.3.1 蜂王浆生产条件

（1）蜂王浆生产需要气候稳定 日平均气温应在15℃以上才能生产王浆。此时蜂群已去除外包装，蜂群内不再结团。产浆蜂群必须饲料充足，尤其蛋白质饲料不可缺少的产量和质量，如果蜜粉源不足，则需人工饲喂。外界蜜粉源丰富，有利于提高蜂王浆产量。蜜蜂的群势越强盛，过剩的哺育蜂越多，蜂群培育蜂王产浆的积极性也就越高。蜂王浆生产的最小群势应在8足框以上，低于8足框的蜂群也可以生产蜂王浆，但是产浆量低，且影响蜂群的发展速度。

（2）产浆群的组织 最初蜂王浆生产是利用无王群进行的，但无王群产浆一定时间后，会因群势下降和无适龄哺育蜂而失去产浆的后劲。现已研究证实，有王产浆群和无王产浆群初期产浆在移虫接受率和产浆量上均差异不大，所以现在基本都是有王群产浆。产浆群的组织应根据蜜蜂群势和外界气温采取相应措施，且最好在产浆移虫前1天进行。在产浆群中用隔王栅将蜂巢分隔成无王的产浆区和有王的育子区。产浆区中间放3张小幼虫脾，用以吸引哺育蜂在产浆区中心集中，两侧分别放置粉蜜脾等。育子区应保留空脾、正在羽化出房的封盖子脾等有空巢房的巢脾，以提供蜂王充足的产卵位置。

① 组织单箱产浆群 蜜蜂群势达8足框，可组织成单箱产浆群。用框式隔王栅将巢箱分隔为产浆区和育子区。育子区

的大小应根据蜂群的发展需要确定，若需促进蜂群的发展，就应留大育子区，调入空脾，抽出刚封盖子脾。

②组织继箱产浆群 蜜蜂群势达10足框以上，加继箱组织成继箱产浆群。用平面隔王栅将继箱和巢箱分隔为产浆区和育子区。巢箱和继箱的巢脾数量应大致相等，且排放在蜂箱内的同一侧。气温较低的季节，应注意在箱内保温。

(3)产浆工具和用具的准备 产浆工具和用具包括产浆框、塑料台基、移虫舌、割台刀、镊子、取浆舌、清台器、贮浆瓶、毛巾等。产浆的专用工具均可通过养蜂专业期刊的广告信息邮购。

(4)适龄小幼虫的准备 在蜂王产卵力强的蜂群中，调整蜂群，使巢内均为大子脾和大粉蜜脾，很少有空巢房，然后在移虫前4～5天加入一张褐色空脾，使蜂王在该脾上集中产卵；也可以将褐色空脾和蜂王放入蜂王产卵控制器中，限制蜂王在此脾上产卵。

2.4.3.2 操作技术

蜂王浆生产的操作过程包括人工台基的制作和安装、修台、移虫和补移、取浆、清台和换台等。

(1)台基的制作和安装 台基有两种，一种是蜂蜡台基，另一种是塑料台基。近年来，在蜂王浆的生产中塑料台基已基本取代了蜂蜡台基。人工台基均需安装到产浆框上，产浆框多为4个台基条，每条可安装25～33个台基。蜂王浆高产蜂种的产浆框可放5根台基条，每根台基条可安装2行台基（图2-26）。

图2-26 塑料台基

蜂蜡台基的制作：先将蜂蜡放在双重水浴锅中加热，温度保持68～72℃；再将用清水浸过3～5小时的台基棒在熔蜡液中蘸 1～2 次，台基棒深入蜡液 10～12 毫米；最后用手将蜂蜡台基轻旋下。蜂蜡台基要求底稍厚，上口略薄。蜂蜡台基全部制成后，在台基的底部蘸少许蜡液后立即黏附在产浆框的台基条上。粘台应端正，牢固。

塑料台基的使用相对简单，单个台基可用熔化的蜡液或白乳胶等黏附在台基条上，更多的塑料台基为几十个台基连成台基条，只需直接用细铁线绑在台基条上即可。还有的台基条的梁加厚，取代台基条的功能，可从产浆框上的台基条拆下，将这种梁加厚的台基条直接安装在产浆框上。

（2）清台 人工台基与蜂群中的自然王台总是存在差别，故将人工台基直接移虫很少被蜂群接受。人工台基在使用前，须先经蜂群清理修整后才能移虫。蜂蜡台基粘在产浆框上以后，需放入产浆群清理 2～3 小时，但清台时间不宜过长，否则蜂蜡台基会被工蜂啃光。塑料台基与自然台基差别更大，且工蜂不能破坏，所以塑料台基的清台时间应史长些，需要 1～2 天。有的塑料台基可能是生产工艺原因，台基内表面有一层类似油脂的物质，叫用温水加洗涤剂浸泡后，再用清水反复冲洗干净，放入蜂群中再清理。

（3）移虫和补移 移虫是用移虫舌将工蜂巢房中的小幼虫移入已清理的台基内。移虫要求动作准确，操作快速，日龄一致，避免碰伤幼虫。移虫需要在明亮、清洁、温暖、无灰尘的场所进行，避免太阳光线直射幼虫。挑选褐色巢脾中的适龄工蜂小幼虫，巢脾脱蜂后平放在隔板上。幼虫脾颜色不宜过深，也不宜过浅。脾的颜色过深，巢房较暗，寻找适龄小幼虫较困难；脾的颜色过浅，巢房中茧衣过少。移虫时很容易捅漏巢房。幼虫脾脱蜂不宜重抖，以防巢房内的工蜂小幼虫移位，影响移虫操作和接受率。移虫时产浆框放在小幼虫脾上，只将移虫的王台条调整至台口朝上，其余台口均朝向侧面，以防异物落入台基内。

移虫操作是将移虫舌前端的牛角片，沿工蜂小幼虫的巢房壁深入巢房底部，再沿巢房壁从原路退回，小幼虫应在移虫舌的舌尖部。将移虫舌的端部放入台基的底部，轻推移虫舌的舌杆将小幼虫放入。移虫速度应快，一般情况下 3～5 分钟移虫100 个台。移虫速度影响移入幼虫的接受率。

第一次移虫的产浆框往往接受率较低。移虫的第二天，在未接受的王台中再移入与其他台基内同龄的王蜂小幼虫，这就是补移。移虫第二天检查，如果接受率不低于 80％ 可不进行补移；接受率低于 80％，需将产浆框上的蜜蜂脱除，将未接受的蜂蜡台基口扩展开，或将塑料台基中的残蜡清除干净，然后再移入工蜂小幼虫。

(4) 取浆　移虫后 68 小时王台中王浆最多，是取浆最佳时间。取浆时必须注意个人卫生和环境卫生，包括需要接触蜂王浆的工具和容器。

打开产浆群的箱盖和副盖，提出产浆框。手提产浆框侧条下端，使台口向上，轻轻抖落蜜蜂，剩余少量的蜜蜂用蜂刷扫除。产浆框脱蜂不宜重抖，以免台中的幼虫移位，蜂王浆散开，不便操作。产浆框取出后尽快将台中的幼虫取出，以减少幼虫在王台中继续消耗蜂王浆。将产浆框立起，用锋利的割台刀将台口加高的部分割除。割台时应小心，避免割破幼虫。幼虫的体液进入蜂王浆中将产生许多小泡，感官上与蜂王浆发酵相似。割台后，放平产浆框，将台基条的台口向上，用镊子将幼虫从台中取出。取幼虫时应按顺序，避免遗漏。取浆呈坐姿，目前多用取浆舌挖取蜂王浆，但取浆舌挖王浆影响质量，容易受污染。为了减少被污染，保证王浆的安全和质量应采用吸浆器取浆（彩图 4）。力争将台基内的蜂王浆取尽，以防残留的蜂王浆干燥，影响下一次产浆的质量。

(5) 清台和换台　蜂蜡台基经过多次产浆颜色变深，台基条上出现赘脾，王台中残浆增厚，致使产浆量降低，接受率减少，因此，蜂蜡台基使用 7～9 次后需要更换王台。塑料台基的台壁常附有蜡瘤等异特，取浆后需认真清理。

同一产浆框上同时有新旧台基，蜜蜂不易接受新台基。产浆框上缺失的台基只能补已被接受的王台。未接受的塑料台基内堆有赘蜡，只需将台基内的杂质清理干净，点少许王浆就可移虫。

2.4.3.3　蜂王浆的高产措施

(1) 选育和引进蜂王浆高产蜂种　蜂群经过长期定向选育，能够加强突出表现某一性状，并能使这些优良的性状具有一定的遗传力。因此，除本场选择高产浆蜂群育王外，还应购买高产蜂王生产王浆。

(2) 适当增框加台　根据蜂群的产浆能力决定产浆框和王台的数量。主要蜜源的前期和盛期，蜂群的产浆能力较强；群势达 10～12 足框的产浆群一次产浆可加入 100 个台，13～14足框的产浆群一次产浆可加入 150 个台，15 足框以上的产浆群可分批次加入 200～300 个台。强群用 2 个产浆框，最好分别放在继箱和巢箱，这样产浆量比都放在继箱中提高 17.2%。巢箱用 3 框平面隔王栅和框式隔王栅将蜂王限制在 3 张脾的育子区内，巢箱隔王栅外是产浆区。第一产浆框移虫后放在继箱，第二天将第一产浆框放入巢箱产浆区，继箱放入第二产浆框。新加入的产浆框均放在继箱，以提高接受率。

(3) 加大台基和选择台基类型　塑料台基的上口直径有9.0 毫米、9.4 毫米、9.8 毫米、11.0 毫米等几种，产浆能力强时选用 9.8 毫米、11.0 毫米等口径较大的台基，产浆能力下降时选用 9.0 毫米、9.4 毫米等口径较小的台基。产浆能力低的蜂群用较大口径的台基，影响移虫接受率。

塑料台基基本有 3 种类型：上口大下底小的锥形台基，上口和下底等径的直筒形台基，上口和下底等径、中间较粗的坛形台基。在产浆量高的季节，坛形台基产浆量最高，直筒形台基次之，锥形台基最少；在产浆量不高时，移虫接受率锥形台基最高，直筒形台基次之，坛形台基最低。

2.4.4　蜂花粉的生产

蜂花粉是蜜蜂从粉源植物花朵的雄蕊上采集并携带归巢的植物雄性配子，是蜜蜂的主要食物之一。在自然状态下，蜜蜂的生长发育以及腺体分泌所需要的氨基酸和蛋白质，几乎全都是由蜂花粉提供的。

蜂花粉生产的原理是，采集携带花粉团的工蜂归巢时，迫使它通过小孔洞，将其一对后足的花粉筐中的两个花粉团截留下来，然后再收集处理。蜂花粉的生产必须具备丰富的粉源、适合的脱粉器和理想的蜂群，此外还需要科学的蜂群管理和先进的采收蜂花粉的处理技术。

2.4.4.1　脱粉器选择与安装

脱粉器（见图 2-27）是采收蜂花粉的工具。脱粉器的类型比较多，各类脱粉器主要由脱粉孔板和集粉两大部分构成。此外，有的脱粉器还设有脱蜂器、落粉板、外壳等构造。

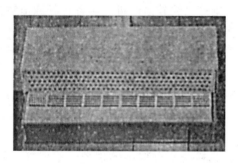

图 2-27　巢门脱粉器（引自周冰峰）

脱粉器的脱粉效果，关键在于脱粉孔板上的脱粉孔的孔径大小。脱粉孔的孔径偏大，携粉工蜂归巢时能轻易通过脱粉孔板，不易截留花粉团；如果孔径偏小，携粉工蜂通过脱粉孔板很费力，易造成巢门堵塞，影响蜜蜂进出巢活动，并且易对蜜蜂造成伤害。

在选择使用脱粉器时，脱粉孔板的孔径应根据蜂体的大小、脱粉孔板的材料以及加工制造方法决定。选择脱粉器的原则是既不能损伤蜜蜂，使蜜蜂进出巢比较自如，也要保证脱粉效果达 75％以上。

工蜂个体大小与蜂种、季节、蜜蜂个体发育阶段的条件有关，一般来说卡蜂个体比意蜂大，春季培育的蜜蜂往往比夏秋培育的蜜蜂稍大。利用工蜂个体大的蜂群进行蜂花粉生产，就应选择孔径稍大的脱粉器。用金属板、硬塑料板等材料钻孔制成的脱粉孔板，其脱粉孔边缘棱角锐利，甚至还可能带有毛刺，使用这种类型的脱粉器，可选择脱粉孔的孔径稍大些的。用不锈钢丝等材料绕制而成的脱粉孔板，其孔的边缘比较圆钝，不容易伤害蜜蜂，使用这类脱粉器，可选择脱粉孔的孔径稍小些的。国内生产蜂花粉所使用的脱粉器的脱粉孔孔径为 4.5～5.0 毫米，一般情况下 4.7 毫米最合适。

在粉源植物开花季节，当蜂群大量采进蜂花粉时，把蜂箱前的巢门档取下，在巢门前安装脱粉器进行蜂花粉生产。脱粉器的安装应在蜜蜂采粉较多时进行。各种粉源植物花药开裂的时间不同，多数粉源植物花朵都在早晨和上午提供花粉。雨后初晴或阴天湿润的天气蜜蜂采粉较多，干燥的晴天则不利于蜂体黏附花粉，影响蜜蜂采集花粉。

脱粉器的安装应严密，要保证使所有进出巢的蜜蜂都通过脱粉孔。初装置脱粉器，采集归巢的工蜂进巢受脱粉孔板的阻碍很不习惯，如果相邻的蜂群没有装置脱粉器，就会出现采集蜂向附近没有脱粉的蜂群偏集的现象，造成蜂群管理上的麻烦。因此，在生产蜂花粉时，应该全场蜂群同时安装脱粉器，至少也要同一排的蜂群同时脱粉。

使用金属脱粉孔板的脱粉器，蜂箱的巢门应朝向西南方向。如果按一般的蜂箱排放方式，巢门向东或东南，上午的阳光就会直射巢门，使金属脱粉器被太阳晒得过热，采粉归巢的工蜂不肯接触晒热的脱粉器，而在巢门前徘徊不肯进巢。为了避免这种情况，上午脱粉的蜂群应逐渐调整蜂箱，使巢门转向西南。

脱粉器放置在蜂箱巢门前的时间长短，可根据蜂群巢内的花粉贮存量、蜂群的日采进花粉量决定。蜂群采进的花粉数量多，巢内贮粉充足，则脱粉器放置的时间可相对长一些。脱粉的强度以不影响蜂群的正常发展为度，一般情况下，每天的脱粉时间为 1～3 小时。

2.4.4.2　蜂花粉的干燥

新采收下来的蜂花粉含水量很高，常为 20％～30％，采收后如果不及时处理，蜂花粉很容易发霉变质，所以，新鲜蜂花粉采收后应及时进行干燥处理。

作为商品的蜂花粉，从贮存的角度，含水量需降到 2％～5％。蜂花粉干燥脱水的方法较多，包括日晒干燥、自然干燥、火炕烘干、烘干箱干燥、真空干燥、硅胶干燥等。在蜂花粉干燥过程中，应注意烘干的温度不能过高（一般不超过 46℃），也不能使阳光直接照射，以免蜂花粉中的营养成分遭受过多的破坏。蜂花粉的不同干燥方法各有其特点，在生产中可根据具体条件和要求进行选择。

干燥处理后的蜂花粉，需用手工或过筛等方法剔除蜂尸、草棍等杂物，如果生产纯蜂花粉，还应去除个别的杂色花粉团。蜂花粉经过灭菌后装入较厚的纸袋中，外套无毒塑料袋封装，或者装入密封的金属桶、塑料桶等容器中封存。蜂花粉应存放在干燥、避光、低温和防鼠的地方，有条件存放在 4℃ 以下的冷库中更为理想。

（1）日晒干燥　将新鲜蜂花粉薄薄地摊放在翻过来的蜂箱大盖中，或摊放在竹席、木板等平面物体上，置于阳光下晾晒。这种干燥方法简单，无需特殊设备，被绝大多数蜂场所采纳。但是日晒干燥的明显不足之处就是蜂花粉的营养成分破坏较多，易受杂菌污染。此外，日晒干燥还受到气候的限制。为了减少阳光对蜂花粉营养和活性的破坏，避免杂菌和灰尘污染，在晾晒的蜂花粉上应覆盖1～2层棉纱布。

（2）自然干燥　将少量的新鲜蜂花粉置于铁纱副盖上或特制大面积细纱网上，薄薄地摊开，厚度不超过20毫米，放在干燥通风的地方自然风干。有条件还可用电风扇等进行辅助通风。在晾干过程中，蜂花粉需要经常翻动。自然干燥同样也需要防止灰尘和细菌污染。这种干燥处理方法具有日晒干燥的优点，并能减少因日晒造成蜂花粉的营养损失和活性降低。但是，自然干燥需要的时间较长，且干燥的程度也往往不如日晒干燥。

（3）远红外恒温干燥箱烘干　使用体积小、造价低、耗电省、热效率高、便于携带的蜂花粉远红外干燥箱。使用时，先将恒温干燥箱的箱内温度调整稳定在43～46℃，再把新鲜的蜂花粉放入烘干箱中6～10小时。用远红外恒温干燥箱烘干蜂花粉具有省工、省力、干燥快、质量好等优点，但要求设备和电源。

（4）干燥剂干燥　这种方法是利用化学干燥剂较强的吸湿性来吸收蜂花粉中的水分。用于蜂花粉干燥的化学干燥剂要求无毒、无异味、吸湿性强、活化简便、价格适当。可用于干燥蜂花粉的化学干燥剂主要有硅胶、无水硫酸镁、无水氯化钠、无水氯化钙等。在这些化学干燥剂中最具代表性的是硅胶，它具有很强的吸湿能力。在密封性强的木制干燥箱中，用铁纱平行分为数层，把蜂花粉和硅胶干燥剂间隔地分层铺放，密封一昼夜后取出完成干燥的蜂花粉。干燥箱中硅胶的用量宜多不宜少，大约是蜂花粉的2倍。利用硅胶处理新鲜的蜂花粉，能够很好地保持蜂花粉的活性。虽然硅胶的成本较高，但却可以重复利用，所以硅胶干燥蜂花粉是值得推广的好方法。由于作为干燥剂的硅胶中加入了一定量的氯化钴来充当吸湿程度的指示剂，故硅胶吸收水分后，颜色由蓝色逐渐变成粉红色。吸湿后变为粉红色的硅胶，可放入烘干箱中、火炕上烘干或在阳光下晒干，当硅胶重新变为蓝色时，就可重复使用。

2.4.4.3　提高花粉质量优质措施

在蜂花粉生产过程中，应采取提高单一种类蜂花粉纯度、防止混入杂质、避免有害物质污染等技术措施，提高蜂花粉的质量。

（1）提高单一种类蜂花粉纯度　单一种类纯蜂花粉的商品价值比杂花粉高得多。提高蜂花粉的纯度是提高蜂花粉质量的重要措施。除了注意选择在单一粉源植物开花的场地放蜂外，在两种以上粉源植物同期开花的场地，可利用各种粉源植物花朵花药开裂提供花粉的时间不同，采用分段脱粉的措施来提高蜂花粉的纯度。

（2）防止污染　在蜂花粉生产过程中，应防止灰尘等杂物混入，尤其是在干燥多风的地区更应注意。在安装脱粉器前，应先将箱盖、蜂箱前壁、巢门踏板清洗干净。蜂花粉生产群应放置在灰尘较少的地方。在干燥多风的北方，脱粉蜂群应放置在绿色植被环境的清洁草地上。

生产蜂花粉还应防止有毒物质的污染和营养成分的破坏。蜂花粉生产还应避开工业污染严重的地区。在工业"三废"污染严重的地区，生产的蜂花粉中铅、砷等对人体有害物质的含量超过了国家食品卫生标准。此外，也不宜在花期经常喷洒农药的蜜粉源场地生产蜂花粉，以免采收的蜂花粉被农药污染。

（3）脱粉期间不割除雄蜂　割除雄蜂蛹后，蜂群就要对割开的雄蜂房内的虫蛹进行清理，因此，割除雄蜂后脱粉，会使许多虫蛹残体落入集粉盒，混入花粉团中。由于受脱粉孔板的阻隔，工蜂不能将较大的雄蜂蛹拖出蜂巢，使巢门内堆积大量的虫蛹躯体，影响了工蜂的清巢活动，所以，割完雄蜂蛹的蜂群，应在 1～2 天后，等这些雄蜂虫蛹清除干净，再进行脱粉。

（4）避开有毒粉源　在长江以南各省山区，雷公藤、藜芦、钩吻（断肠草）等有毒蜜粉源植物往往与主要蜜粉源植物同期开花，在这样的场地放蜂进行蜂花粉生产，易使蜂花粉中混入有毒的花粉，为此须特别注意。

2.4.5 蜂胶的生产

蜂胶是工蜂将它从某些植物的幼芽、树皮上采集的树胶或树脂，混入其上颚腺的分泌物后携带归巢的胶状物质。

不同蜂种和品种的蜜蜂，采胶能力也不同。高加索蜜蜂采胶能力最强，意大利蜜蜂和欧洲黑蜂次之，卡尼鄂拉蜜蜂和东北黑蜂最差。杂交蜂中，含有高加索蜜蜂血统的蜂群，通常也能表现出较强的采胶能力。东方蜜蜂不采集和使用蜂胶。

蜂胶的颜色与胶源种类有关，多为黄褐色、棕褐色、灰褐色，有时带有青绿色，少数蜂胶色泽深近黑色。在缺乏胶源的地区，蜜蜂常采集染料、沥青、矿物油等作为胶源的替代物。在澳大利亚，人们发现蜜蜂从农业机械上采集新涂上的油漆。蜜蜂采集这些替代物形成的"蜂胶"没有利用价值，所以，如果采收蜂胶时，发现色泽特殊的蜂胶应分别收存，经仔细化验鉴别后再使用。

蜂胶多用于填塞蜂巢缝隙，但是在巢内不同位置所使用的蜂胶量不同。蜂群的集胶特点是，蜂巢上方集胶最多，其次为框梁、箱壁、隔板、巢门等位置。蜜蜂积极用蜂胶填补缝隙的宽度也因巢内的不同部位而异，巢上方 1.0～3.0 毫米，巢中部 1.0～2.0 毫米，巢下部 1.0～1.5 毫米的缝隙填胶量最大。填胶深度一般为 1.5～3.0 毫米。

从事采胶的蜜蜂多为较老的工蜂。在胶源丰富的地区，大流蜜期后利用蜂群内的老工蜂生产蜂胶，可以充分利用蜂群生产力创造价值。

2.4.5.1 蜂胶的生产方法

蜂胶生产方法主要有 3 种：结合蜂群管理随时刮取；利用

覆布、尼龙纱和双层纱盖等收取；利用集胶器集取。

（1）结合蜂群管理刮取　这是最简单最原始的采胶方法，直接从蜂箱中的覆布、巢框上梁、副盖等蜂胶聚集较多的地方刮取蜂胶。在开箱检查管理蜂群时，开启副盖、提出巢脾，随手刮取收集蜂胶。用这种方法收集的蜂胶质量较差，必须及时去除赘脾、蜂尸、蜡瘤、木屑等杂物。也可以将积有较多蜂胶的隔王栅、铁纱副盖等更换下来，保存在清洁的场所，等气温下降，蜂胶变硬变脆时，放在干净的报纸上，用小锤或起刮刀等轻轻地敲打，然后收集脱落的蜂胶。为了提高刮取巢框上蜂胶的速度和质量，可用白铁皮或旧罐头皮钉在框梁上。

（2）利用覆布、尼龙纱、双层纱盖产胶　用优质较厚的白布、麻布、帆布等作为集胶覆布，盖在副盖或隔王栅下方的巢脾上梁上，并在框梁上横放两三根细木条或小树枝，使覆布与框梁之间保持 2～3 毫米的缝隙，这样，蜜蜂就会把蜂胶填充在覆布和框梁之间。取胶时，把覆布上的蜂胶于日光下晒软后，用起刮刀刮取。取胶后，覆布放回蜂箱原位继续集胶。覆布放回蜂箱时，应注意将沾有蜂胶的一面朝下，保持蜂胶只在覆布的一面。放在隔王栅下方的覆布不能将隔王栅全部遮住，应留下 100 毫米的通道，以便于蜜蜂在巢箱和继箱间的通行。

在气温较低的季节用覆布取胶有利于蜂群的保温，但到了炎热的夏季，使用覆布生产蜂胶就会造成蜂群巢内闷热、通风不良，这时可用尼龙纱代替覆布集胶。当尼龙纱集满蜂胶后，放入冰箱等低温环境中，使蜂胶变硬变脆，然后将尼龙纱卷成卷，用木棒敲打，蜂胶就会呈块状脱落，进一步揉搓就会取尽蜂胶。这种取胶方式同样也适用于覆布集胶。

在尼龙纱的上面加盖一块覆布能提高蜂胶产量。一般情况下，一个强群约 20 天就能用蜂胶将覆布和尼龙纱粘在一起。检查蜂群时，打开副盖，让太阳把蜂胶晒软，再轻轻分开覆布和尼龙纱。覆布和尼龙纱分开时，覆布上的蜂胶受拉力作用成丝柱状。检查蜂群后，再将覆布和尼龙纱放在一起，继续放在框梁上集胶。这时尼龙纱与框梁、尼龙纱与覆布之间又形成了新的空隙，以利于蜜蜂在此处继续填积蜂胶。采胶时，提起尼龙纱，用起刮刀在框梁上刀刃向前推进，边揭边刮，要尽量使蜂胶黏附在尼龙纱上。

双层纱盖取胶（彩图5），就是利用蜜蜂常在铁纱副盖上填积蜂胶的特点，用图钉将普通铁纱副盖无铁纱的一面钉上尼龙纱，形成双层纱盖。使用时，将纱盖尼龙纱的一面朝向箱内，使蜜蜂在尼龙纱上集胶。利用双层纱盖生产蜂胶，既可获得较多的优质蜂胶，又可充分发挥铁纱副盖的通风作用，延长铁纱副盖的使用寿命。

采收蜂胶的次数，应根据蜂群采胶集胶的速度而定。如果外界胶源丰富，蜂群采胶积极，一般每隔15天就可取胶一次。

（3）集胶器产胶　集胶器是根据蜜蜂在巢内集胶的生物学特性设计的蜂胶生产工具，用以提高蜂胶的产量和质量。

① 框式格栅集胶器。这种集胶器是前苏联养蜂者使用的一种集胶器。它由一个金属外框和若干个小金属棒组成。金属框上边和下边相应各打一排小孔，金属棒插入小孔中，组成集胶栅栏（图2-28）。

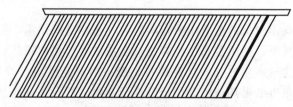

图2-28　框式格栅集胶器（引自周冰峰）

格栅集胶器的外形及大小似巢框，厚度仅为巢框的一半。小金属棒的直径约3毫米，由小金属棒构成的集胶缝隙为3～4毫米。生产蜂胶时，将集胶器放在蜂箱中隔板的位置上集胶，待集胶器上的蜂胶集满后，取出集胶器，再将集胶器上的小金属棒按顺序逐根抽出，即可取下蜂胶。

② 可调式格栅集胶器。可调式格栅集胶器由中国农业科学院蜜蜂研究所研制。集胶器由若干根横向板条、两根纵向板条以及小铁钉构成。板条的材料以选择吸水性强的杉木为宜。横向板条宽 20 毫米，厚 5 毫米；纵向板条宽 25 毫米。横向板条之间的距离为 10 毫米。每根横向板条两端都各用一根小铁钉固定在纵向板条上。当需调节集胶器的缝隙时，只要将可调式格栅集胶器立起，使其一个角落地，然后压它的对角，就可以任意调节横向板条间的缝隙大小。开始使用时，先将横向板条间的缝隙调节到 2～3 毫米的距离。可调式集胶器在蜂箱内的集胶位置，与格栅式集胶器相同。使用这种集胶器，一年只需采收一次蜂胶。在采收蜂胶时，将这种集胶器浸入冷水中，蜂胶便很容易脱落。

③ 巢框集胶器。在巢框上钉些薄木条或竹片，以构成人为的缝隙和凹角，促使蜜蜂在巢框上多积胶。板条的宽度为 6～9 毫米，厚度为 3～5 毫米，长度与巢框的上下梁一致。这样的木条或竹片在巢框上梁共钉 4 根，即上面钉 2 根，两侧各钉 1 根；在巢框下梁共钉 3 根，下面钉 1 根，两侧各钉 1 根。巢框集胶器平时作一般巢框使用，在蜂群越冬前取出采胶。每个巢框集胶器一年可获得 5～17 克蜂胶，而普通巢框上只能收取蜂胶 2 克。

2.4.5.2　提高蜂胶质量的措施

采收蜂胶时应注意清洁卫生，不能将蜂胶随意乱放。蜂胶内不可混入泥沙、蜂蜡、蜂尸、木屑等杂物。在蜂巢内各部位收取的蜂胶质量不同，因此，在不同部位收取的蜂胶应分别存放。蜂胶生产应避开蜂群的增长期、交尾群、新分出群、换新王群等，因在上述情况下蜂群泌蜡积极，易使蜂胶中的蜂蜡含量过高。采收蜂胶前，应先将赘脾、蜡瘤等清理干净，以免蜂胶中混入较多的蜂蜡。

在生产蜂胶期间，蜂群应尽量避免用药，以防药物污染蜂胶。为了防止蜂胶中有效成分的破坏，蜂胶在采收时不可用水煮或长时间地日晒。

为了减少蜂胶中芳香物质的挥发，采收后应及时用无毒塑料袋封装，并标明采收的时间、地点和胶源树种。蜂胶应存放在清洁、阴凉、避光、通风、干燥、无异味、20℃以下的地方，不可与化肥、农药、化学试剂等有毒物质存放在一起。一般当年采收的蜂胶质量好，经一年贮存后品质降低。

2.4.6　蜂蜡的生产

蜂蜡是养蜂业的传统产品之一。蜂蜡具有绝缘、防腐、防锈、防水、润滑和不裂等特性，广泛应用于光学、电子、机械、轻工、化工、医药、食品、纺织、印染等工业和农业生产。蜂蜡是制造巢础的原料，现代科学养蜂蜂蜡必不可少。

2.4.6.1　蜂蜡的生产

蜂蜡的生产，主要从克服影响蜂群泌蜡造脾的因素出发，创造蜜蜂积极泌蜡造脾的条件，促使蜂群多修造巢脾。同时，在日常的蜂群管理中，还应注意收集赘脾、蜜盖、产浆割台等零星碎蜡。蜂蜡增收的主要方法有以下几种。

（1）多造巢脾　一张巢脾除了巢础之外，还有 60 克以上的蜂蜡。在蜜粉源丰富的季节，应抓住有利于蜂群泌蜡造脾的时机，淘汰旧脾，多造新脾，这是生产蜂蜡的主要途径。淘汰的旧巢脾应妥善保管，或及时熔化提炼蜂蜡，以防巢虫蛀食。

在流蜜期应尽量放宽贮蜜区中的脾间蜂路，使巢脾上的蜜房封盖加高突出。取蜜时，割下突出的蜜房蜡盖，收集后进行蜜蜡分离处理。蜜盖的蜂蜡质量比较好，应单独收集存放。

（2）更新巢脾　如果巢础价格高或购买、制作不方便，生产蜂蜡可采用更新巢脾的方法。将旧巢脾的一侧巢房用快刀割下，进行化蜡，然后将这张旧巢脾放入蜂群中重新造脾。待这一侧的新房完全造好后，用同样的方法，更新巢脾另一侧的旧巢房。用这种方法，在节约巢础的前提下，既更新巢脾，又增收了蜂蜡。在割旧巢房时，不要损坏巢房底。

（3）采蜡巢框 在巢脾已足够使用或无蜂蜡制础的情况下，可以采用采蜡巢框生产蜂蜡。采蜡巢框可用普通巢框改制。改装时，先把巢框的上梁拆下，在侧条上部的三分之一处钉上一根横木条，然后在巢框侧条顶端各钉上一块坚固的铁皮作为框耳，巢框的上梁放在铁皮框耳上。采蜡巢框上部用于采收蜂蜡，下部仍镶装巢础，供蜂群造脾、贮粉蜜、产卵育虫等。根据外界蜜粉源条件和蜜蜂的群势大小，每群蜜蜂可酌放2～5个采蜡巢框。等采蜡巢框上部的脾造好后，就可将上梁取下，割脾收蜡。割脾时，最好在上梁的下方留下一行巢房，不要将脾全部割尽，以吸引蜂群在此基础上快速填造。采蜡后，再把采蜡框放回蜂群继续生产（图 2-29）。

图 2-29 采蜡巢框（引自龚一飞）

使用这种采蜡巢框生产蜂蜡，还可以作为蜂群检查的一项手段。如果全场多数蜂群都积极泌蜡造脾，只有个别蜂群不造脾，则说明这些蜂群有可能失王或发生较严重的分蜂热。

2.4.6.2 蜂蜡的提炼

在淘汰的旧巢脾以及平时收集的零碎蜂蜡、蜡屑中，常混有茧衣、蜂胶、花粉、木屑等杂质，需要采取适当的提炼加工方法，从中提取纯净的蜂蜡。提炼蜂蜡的方法较多，可根据蜂场的规模和生产条件，选择下列方法。

(1) 简易热压法　把旧巢脾、碎蜡等原料装入小麻袋中，扎住袋口，放入大锅中加水烧煮。麻袋中的蜂蜡受热熔化成蜡液，渗出麻袋浮在水面。煮沸半小时左右，提出麻袋，使锅中的蜡液和水冷却，等水面上的蜂蜡凝固后，刮去底部的杂质，即可得到纯蜂蜡。

麻袋中的蜡渣还含有很多蜂蜡。麻袋从锅中取出后，应立即趁热用简易压蜡工具把旧巢脾中剩余的蜂蜡从麻袋中挤压出来。一般的简易压蜡工具可用大约 2 米长、200 毫米宽、30～50 毫米厚的木板，一端用绳绑在条凳的端部。把装有蜡渣的麻袋置于木板与条凳之间，条凳下放一个盛水的大盆。然后在木板的另一端用力向下挤压，并在挤压的同时拧紧麻袋，将蜡液从麻袋中挤出，使其流入盆中在水面上凝固。最后收集水面上的蜂蜡，熔化后固定成形。

(2) 简易热滤法　把旧巢脾从巢框上割下后，去除脾中铁丝，放入大锅中。锅中添水加热煮沸，充分搅拌，蜂蜡熔化后浮在水面。在锅中压入一块铁纱，把比水轻的茧衣、木屑、草棍等杂质压在锅底层，使蜡液和杂质分开。把锅中上层带有蜡液的水取出，放入盛凉水的容器中。带有蜡液的水取出后，锅中的蜡渣可再加水煮沸。如此反复 3 次，就可基本提尽蜂蜡。最后将水中的蜂蜡集中加热熔化，再冷却凝固成形。

(3) 机械榨蜡　机械榨蜡是利用榨蜡器提炼蜂蜡的方法。机械榨蜡使用的设备主要是螺旋榨蜡器，它由螺旋压榨杆、铁架、圆形压榨桶以及上挤板和下挤板等部件组成。

把煮透的旧巢脾、碎蜡屑等原料装入麻袋或尼龙编织袋中，放入压榨桶中的下挤板上，盖好上挤板，然后旋转螺旋压榨杆，对上挤板和下挤板逐渐施加压力，则熔化的蜂蜡逐渐被挤出麻袋，经压榨桶底的出蜡口流入盛水的容器中。

为了提高机械榨蜡的效率，可顺着压榨桶的桶壁槽导入蒸汽管到桶的底部，防止蜡液在压榨过程中凝固。

(4) 日光晒蜡　日光晒蜡就是利用太阳能来提取蜂蜡。日光晒蜡器是具有双层玻璃盖的单斜面长方形木箱，箱内斜放着一端开口的金属承蜡浅盘，以承放赘脾、残蜡。承蜡盘的开口下方，有一个承接蜂蜡的小槽。日光晒蜡器的所有外壁，都涂上黑漆，以增加阳光热量的吸收。这种提炼蜂蜡的方法，一般适于赘脾、残蜡、废蜡和封盖蜡中的蜂蜡提取。老旧巢脾中茧衣多，而茧衣吸附蜂蜡的能力很强，不宜用日光晒蜡器提炼蜂蜡。

（5）提炼蜂蜡应注意的问题 为了防止蜂蜡颜色变深，降低蜂蜡等级，在收集蜂蜡原料时应尽可能避免混入死蜂等杂质。旧巢脾化蜡前，先将巢脾中的铁丝剔除，然后整碎成小块，浸入水中数天，漂洗 2～3 次后，进行化蜡。

旧脾、蜜盖等蜂蜡提炼原料应及时化蜡榨取，不宜久存，以防被巢虫毁坏。新采收的蠢采蜡框上的蜂蜡比旧脾的蜂蜡质量好，应单独存放，分别提炼。

加热压榨蜂蜡时，温度不能超过 85℃，温度过高，不但会降低蜂蜡的质量，而且还引起火灾。蜂蜡在提炼过程中，应尽量减少蜡液与铜、铁、锌等金属容器的接触，以防蜂蜡受污染。

提炼后的成品蜂蜡应按质量标准分类，用麻袋包装，贮存于干燥通风处。因为蜂蜡具微甜的气味，易遭受虫蛀和鼠害，所以平时应勤检查，妥善保管。

2.4.7 生产蜂毒技术

2.4.7.1 不同的生产技术

（1）直接刺激取蜂毒 用手或镊子夹在工蜂的胸部或双翅，使被激怒的工蜂蜇刺一张滤纸或动物膜上毒液被留下，然后用水洗脱滤纸或动物膜，蜂毒溶于水中，蒸发掉水分后即得粉末状蜂毒。但所取得的蜂毒量少，且费工费时，同时被取毒的蜜蜂会死亡，蜂群损失严重，不宜大量生产蜂毒。

(2) 乙醚麻醉取蜂毒 在较大玻璃容器里放入适量乙醚，然后将大量工蜂放入该容器里。工蜂因吸入乙醚蒸气被麻醉而发生排毒，蜂毒排集在容器底部，取出麻醉状态的工蜂，即可收集蜂毒。但取得的蜂毒不纯净，夹杂工蜂的排泄物和蜜囊中反吐的花蜜，而且因麻醉技术掌握不准，造成部分工蜂死亡。

(3) 电刺激蜜蜂取蜂毒 60年代后，国内外普遍采用电取蜂毒器采集蜂毒。如：美国1981年4254119号专利介绍的单元板蜂毒采集器：具体结构是在一基板上架设若干条平行的金属线，相邻两线与蜜蜂接触时形成闭口电路，使蜜蜂遭电击。将玻璃板用纤维织品覆盖，放在金属线下面，当蜜蜂遭电击时，便螯刺玻璃板上的纤维织品，将蜂毒通过纤维织品释放在玻璃板上，取出玻璃板干燥收集而得蜂毒。

目前电取蜂毒器式样很多，但基本原理和构造相似。电取蜂毒器由两部分组成：一部分是控制器，其作用是产生断续电流刺激蜜蜂使其排毒；另一部分是取毒器，包括由金属丝制成的栅状电网，电网下安有接受蜂毒的载体——玻璃板或带有尼龙布的玻璃板。当蜜蜂停在电网上时，因受控制器产生的断续电流的刺激，螯针排毒，蜂毒排在玻璃板上，很快挥发成晶体。如图2-30便是QF-1型蜜蜂电子自动取毒器。

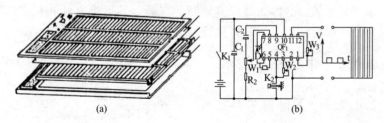

图 2-30　QF-1型蜜蜂电子自动取毒器

(a) 外形；(b) 电路图

目前，在我国蜂场常采用两种类型的电取毒器。

平板式电取毒器。又称单元板采毒器，将玻璃载体和栅状电网安置在一个方形框内，框的内径和外径与相接的巢箱一致，高度 2 厘米左右，玻璃载体切成与框高一致的玻璃条，两面各附 2 条金属丝，通电后形栅状电网。平板式取毒器安放在巢箱上端，板上再加继箱或浅继箱，再盖好箱盖。工蜂可以自由地从巢箱进入继箱，当输入 10～40 伏电流后，工蜂受电刺激而向玻璃载体上排毒。一段时间后，取下玻璃条，用刀片将蜂毒刮下，收集在棕色玻璃瓶中，但长时间使用平板电取毒器会使取毒群的工蜂变得容易激怒，常主动攻击靠近蜂群的人员。

封闭式电取毒器。将玻璃载体和栅状电网和若干个板块组合成一个封闭体，常做成与蜂箱形状、大小一致。上面是可起开的盖，盖中有一圆孔，制成封闭式取毒器。使用时将工蜂输入采毒器进行采毒，采毒结束后，打开上盖倒出工蜂。控制器在箱外便于操作。如图 2-31。

图 2-31　封闭式蜜蜂采毒器

取毒时，先将工蜂从蜂群提出，抖入储蜂笼中，工蜂在储蜂笼中停放几小时，以消耗蜜囊中的花蜜和把腹内的粪便排完，这个过程称为净化。净化后的工蜂，排毒时吐蜜少，其他杂物少，质量好。工蜂排完毒后，倒在离蜂场 100 米以后的草地上，待工蜂自然飞回原群，由于远离原群取毒，对原群影响很小。

与平板采毒器相比，具有的优点和板积效果如下。

① 现有的单元板，是开放式的，有少数工蜂被电击后，发出报警信息，引来更多的工蜂报复性攻击螫刺，激怒的蜂群，对附近的任何东西都可能螫刺，非常不安全，采用封闭式采毒器，就可每次投入定量的蜜蜂，在封闭的采毒器内采毒，蜜蜂只能螫刺采毒器，不能伤害其他东西。

② 利用单元板采毒，在蜂群激怒之后，整箱蜂，甚至整个蜂场的蜂都处于紧张状态，影响蜂群的正常工作。而采用封闭式采毒器，则可以将需采毒的蜜蜂，在与蜂群隔离的情况下，集中快速采毒。

③ 每一花期结束，需长途转运到下一个采毒点时，为了整个蜂群安全，总需放弃至少1/3的外勤蜂，这不仅是养蜂人的损失也给车站、沿途造成了公害，如在转运前，利用封闭式采毒器，对准备放弃的蜂，集中采毒，然后增加电压杀死，这就免去了这一公害又能得益。这种方法，同样适用于那些游蜂和越冬前准备放弃的蜜蜂，以及其他场所无用的蜜蜂和黄蜂、胡蜂等蜂。这是单元板所无法做到的。

④ 蜂箱一般都是放置在室外的，蜂毒又易溶于水，在空气湿度较大的地区和时间，特别是阴雨天，单元板不能适用，而封闭式采毒器可在室内工作，不受天气影响。

2.4.7.2 封闭式蜜蜂毒采集器（CN 85203663.9）的操作过程

采毒是一项较精细的工作，采毒时要有一个好的工作环境，以保证蜂毒产品的质量。一般采毒操作在室内进行（室外抖蜂，室内采毒），要求室内环境要做到干燥、清洁、无风。

(1) 采集器的准备。

① 采毒前，要对采集器进行一次全面的检查。检查包括以下内容

铜线是否松弛，有无短路和轻度氧化现象。铜导线如有轻

度氧化现象轻轻打磨即可。

电源开关和插头是否接触正常。

蜂毒承接板是否插入方便，板面是否干净，采集器框架是否松动。

如使用直流电取毒，要注意电池的装入顺序和电极板是否生锈，以免影响通电。

备好单面刮刀片和棕色蜂毒贮存瓶。

检查后，如无以上现象，采集器即可用于采毒，如有质量问题，要切实排除故障，故障的排除方法比较简单，根据情况可自行修理。

② 采毒时间的确定。要考虑到蜜蜂的生理特性和蜂毒生产的特殊性，采毒时间对蜂毒产量和品质影响较大，所以，采毒生产中要科学地掌握时间。

采毒应选晴天，温、湿度适宜，如果遇到阴雨天气，最好停止采毒。

在气温较高的夏季，采毒时间要选清晨和傍晚，在气温适宜的春秋季节，选在上午和下午。

③ 采毒频率。

每台采集器每天可以连续采毒 20 多次，每天可采得蜂毒原毒 2.0 克以上。

一台采集器每人每天用 14000～16000 只蜂（7～8 框）即可采蜂毒 1.0 克。

每群蜂（按 3 万～5 万只计算）如抓好每一个采毒时期全年可采得蜂毒 3.0 克。

封闭式蜜蜂蜂毒采集器的采毒方法可根据气候条件，蜜源状况和养蜂管理的实际情况分为常规采毒技术和过滤网采毒技术两种。在采毒过程中，两种技术配合使用，可以提高蜂毒的品质和产量，缩短采毒时间，为采集器全天候工作创造条件。

（2）采毒操作方法。

① 无过滤网采毒技术。适用于黄河以北干旱、半干旱地

区。采毒所需的基础条件：气温适宜（20～30℃）空气干燥，无蜜源或有辅助蜜源。

净化工蜂。

储蜂笼净化法是一种常用的采毒蜂净化方法，适用于无蜜源期和辅助蜜源期对壮老年工蜂进行取毒。储蜂笼不但起到储蜂净化作用，而且可以用其控制采毒蜂数量，一般一储蜂笼可储蜂2000只，这个数量也正好是采集器一次采毒的最佳投蜂量。

储蜂笼净化法所用工具：储蜂笼若干个（视生产量定）、倒蜂漏斗一个。

净化方法：先将蜂箱纱盖，边脾，巢门前，隔板处的壮老年工蜂收入塑料倒蜂漏斗，一次收蜂量为2000只（1框），然后将收好的蜂迅速抖入储蜂笼内，扎好进蜂口，使其大口朝上悬挂于黑暗的光线下进行净化。在北方，早春、晚秋时，由于气温低，要对蜜蜂保温，放在室内净化；在夏季，气温高，湿度大，为了避免消耗蜜蜂体力，便于采毒，要将储蜂笼放在室外凉爽的环境下进行净化。要注意，在室外净化采毒蜂时，避免强光照射，雨露打湿。净化时，每只储蜂笼内的蜜蜂一定要控制好数量，使储蜂笼内有足够的空间，以免通风不良，造成高温而使蜜蜂死亡。

净化时间视不同情况而定。在有外界蜜源的季节采毒，一般在采毒的头一天晚上将采毒蜂收入储蜂笼进行净化，到第二天清晨进行取毒，净化时间大约为10小时，长时间对采毒蜂进行净化，要求净化环境一定要黑暗。在外界没有蜜源的情况下采毒，采毒蜂容易净化，一般在蜜蜂出勤前将其收入储蜂笼，3～4小时后即可进行取毒。

储蜂笼是用尼龙纱网缝制，但由于易被蜜蜂咬破，使用不方便，可以改用铁纱网。储蜂笼上部（三分之二）用铁纱网，下部（三分之一）用塑料膜，这样便于多次反复抖蜂。净化抖蜂过程一定要迅速，尽量避免对蜜蜂身体的伤害。

蜂箱蜂脾净化法是实践工作中总结出的一新式采毒蜂净化方法。新方法简便易行，杜绝了多次抖蜂，可以一次净化大批采毒蜂，便于流水生产；在箱内净化保证了蜜蜂采毒对温度的要求，采毒时不易扎堆，结团。而且使用设备简单。用此方法采取的蜜蜂蜂毒不论是产量还是质量都与储蜂笼净化法一致。目前，蜂箱蜂脾蜜蜂净化法已在一些开发基地使用，在批量生产考验中，技术稳定，表现正常。

蜂箱蜂脾净化法使用工具：干净的空蜂箱一只，干净无蜜的蜂脾若干框（视生产量定），抖蜂漏斗一个。

通电排毒。

首先将电源开关调到'零位'，接通使用电源，然后将储蜂笼（或蜂脾内）净化好的采毒蜂在室外一次性倒入采集器内，盖好投蜂口，待蜜蜂在采集器内充分爬网散开后，开动电源开关使采集器内电网通电。根据情况将电压由低档可逐渐调高，通过上盖和四周观察网内蜜蜂刺激排毒情况。通电时间根据工蜂爬网情况灵活掌握，做到电网上蜜蜂分布均匀时通电，电网上蜜蜂螫刺落下后停止。一般通电 10～15 秒，停电 4～5 秒，如此循环往复，有 10～15 分钟即可。最后切断电源，开启上盖，轻轻抽出各面电网下的蜂毒承接板，把采毒器内的工蜂倒在附近草地上，让蜜蜂飞回原箱蜂。采毒时，电源电压使用要适当，实际生产中在输入网箱电压正常的情况下，一般使用 1、2 两个档位，为了提高采集器的工作效率，生产用两套玻璃承接板，连续进行流水作业。

有时，由于采毒温度偏低或采毒蜂净化时间长，采毒蜂倒入采集器内会出现蜜蜂在电底板聚堆、不散开的问题，严重影响了采毒。遇到这种情况，可以利用转动采集器的办法，促使采毒蜂向电网四周散开爬网，以便使取毒工作顺利进行。转动方式有平行转动和翻转两种形式。转动采毒是防止蜜蜂采毒时聚堆的有效办法，并可以将采毒时间从 15 分钟缩短到 10 分钟。在进行转动采毒时，要注意封好进蜂口，保护好玻璃承接板及电网箱的电源插头，以免损坏。

　　② 过滤网采毒技术。

　　适用于全国各地区，尤其适合长江以南地区在高温，高湿季节生产蜂毒。采毒所需的基础条件：全国不同气候带正常的气候条件和各种蜜源状况。

　　养蜂生产常常受到气候条件和蜜源状况的制约，蜂毒生产也不例外，在实际生产中，蜂毒品质和产量的高低。取决于气候条件和蜜源状况的优劣。常规采毒技术由于对取毒的环境和蜜源条件要求较高，使用时实用性差，存在着不足。但是，过滤网采毒技术可使封闭式蜜蜂蜂毒采集器在不同地区，不同季节，不同蜜源期正常发挥性能，与常规采毒技术相互配合，使技术更加完善。过滤网采毒技术不需对采毒蜂进行净化，可直接将壮老年工蜂投入采集器内进行取毒，并可多次连续取毒后再除杂收毒。这样大幅度提高了工作效率。过滤网有效地将蜂毒和杂质分开，提高了蜂毒粗毒的质量。

　　滤网的准备和固定。滤网要选用超薄尼龙布，尼龙布无统一规格，各地产品也会有差异，合格的过滤网要求工蜂螫针可通过尼龙布将毒液排在蜂毒承接板上，蜂蜜，工蜂排泄物、花粉、灰尘等杂质留在尼龙布的表面。每位生产者可根据当地的实际情况灵活选用。过滤网一定选用尼龙，化纤材料，不能选用吸水性强的纯棉或涤纶制品，将选好的尼龙布按玻璃承接板的尺寸大小裁开，并固定在承接板的表面，固定方法可采用直接覆盖和悬起覆盖两种形式，后一种形式由于过滤网与承接板间有小空隙，可避免毒液渗透到滤网上，减少了蜂毒的损失。

　　采毒。首先将覆盖滤网的蜂毒承接板插入电网箱，滤网介于承接板和铜导线之间，电源盒开关调到零位。然后，把待采毒的壮老年工蜂用抖蜂漏斗收集起来，投入电网箱（每次投蜂量为一框蜂），最后，将网箱与电源盒连通，开启电源开关对采毒蜂进行刺激。由于采毒蜂未经长时间净化，所以体质强，在采集器内爬网顺利，异常活跃，有利于采毒。蜜蜂被电刺激激怒后，毒液通过滤网螫刺在玻璃板上，而从胃囊内分泌出的蜂蜜，以及蜜蜂身体上的其他杂质却被滤网拦住，使蜂毒与杂质有效分开，同样达到了对采毒蜂的净化目的。对采毒蜂的刺激时间和电源间断时间与常规采毒技术一致；当一次采毒完毕，开启采集器上盖，放走蜜蜂，然后再将一框采毒蜂抖入，进行第二次采毒。

过滤网采毒技术虽然不需要对采毒蜂进行彻底净化，但是要尽量避免当壮老年工蜂蜜囊内的存蜜饱满时对其实施采毒，如果不这样做，蜜蜂受刺激后将大量的蜂蜜吐到滤网上，并渗透到蜂毒承接板，使毒内的杂质增加。所以，采毒时一定要选在壮老年工蜂胃囊内贮蜜量最少时进行。蜜蜂的生理习性表明，蜜源期壮老年工蜂每日出勤前和回巢后的某段时间内胃囊内的贮蜜量较低，采毒时间选在每日的清晨或傍晚最为适宜；在辅助蜜源和无蜜源期，以及两个蜜源过渡期，只要气候条件适宜，随时可以进行取毒。具体取毒时间根据蜂群饲养管理的实际情况而定。

(3) 采毒注意事项　整个采毒过程，避免在高湿，曝晒的情况下进行。未经净化的壮老年工蜂不能进行采毒。在采毒工作中，要注意保护采集器电网。蜂毒有较强的刺激性气味，采毒人员要戴上口罩。

2.4.7.3　除杂与收毒

不管用哪种技术采毒，对采毒蜂的净化不可能达到绝对净化。所以，采毒后的蜂毒承接板上除了有大量蜂毒外，还会有一些其他杂质。这些杂质主要是蜂蜜、蜜蜂排泄物、花粉、灰尘、硬性杂质。只有对这些杂质进行彻底清除，才能保证蜂毒的品质和产量。

除杂方法：对于蜂蜜、工蜂排泄物和花粉这类大污染源，要在采毒完后立即对其清除。清除要先在小范围内用干净的柔软白纸仔细将杂质擦掉，先小范围清除后用除杂纸对蜂毒承接板全面除杂；大污染块清除后，稍停 3～5 分钟，便可以对承接板全面除杂。用除杂纸平铺在玻璃板上，用力擦，直至将灰尘及一些其他杂质擦净为止，最后留在承接板上的就是干燥的固体蜂毒了。蜂毒除杂不能使用卫生纸、布、海绵等物品。

对蜂毒承接板除杂后，即可收毒。蜂毒在毒囊内是液态，采出后很快便凝固成着固力很强的固体，因此，收毒要用专用的刮毒刀与承接板成 45°角用力刮下。刮毒时要认真、仔细，避免不必要的损失。合格的天然蜂毒颜色淡白，粉末状，有较强的刺味。收取的蜂毒产品要放入棕色的玻璃瓶内，放在室温下贮存。贮存环境要干燥，黑暗，避免高湿和强光照射。在我国南方地区，由于受到高温高湿气候环境的影响，蜂毒在承接板上虽然凝固，但刮下后是相互粘连的鳞片状晶体，含水量较高。如不除去水分，蜂毒无法正常保存。因此，含水量高的蜂毒产品必须经过人工干燥才能长期保存，人工干燥的方法有以下两种。

加热干燥。将收取的蜂毒放在玻璃板上，摊平，散开，然后用 40～60 瓦灯泡在距玻璃板 10 厘米左右的位置上照射使玻璃板提高温度，促进蜂毒内的水分蒸发；注意，加热一定要均匀，而且干燥温度在 40～45℃之间，略高于空气温度。过高的干燥温度易使蜂毒内的一些单一成分挥发。

干燥器干燥。在野外放蜂时，加热不方便，可以采用干燥器干燥的方法。将小型干燥器内放好干燥剂（变色硅胶）。蜂毒散摊在小块玻璃板或大口贮存容器内置于干燥器中，盖好上盖。待 1～2 天后，即可取出经充分干燥的蜂毒，装瓶保存。

2.4.7.4　生产蜂毒蜂群的管理

（1）采毒时期　蜂毒生产应安排在当地主要流蜜期之后，如：北京在荆条花期后才开始生产蜂毒。外界平均气温在 20 度以上，外界有一些蜜粉源植物时为最佳生产期。

（2）饲喂采毒群 工蜂被采毒后，攻击性增强，回到原巢常常影响原群正常活动，因此，采毒群应在傍晚用 1∶1 糖水进行奖励饲喂。促使群内激素的稳定，维特正常活动。

（3）培育高产蜂毒良种 韩国崔大凤先生在蜂箱底板上安装低电流电网，使工蜂出入巢口都接触电网，受电脉冲刺激而产生螫刺反应。从而产生高产蜂毒的变异，最终培育出高产毒的种王群，使全场产毒量增加 30％以上。

2.4.8 授粉蜂群的租用和出售

利用蜜蜂为农作物授粉是农业生产的一项重要措施。蜂农可以出租蜂群和秋冬出售授粉蜂群增加收入。

2.4.8.1 大田授粉蜂群的管理技术

（1）授粉前期蜂群管理技术：蜜蜂经过越冬期后，进入春天的缩脾、保温、治螨、奖励饲喂、加脾等工作，壮大了群势。这时外界需要授粉的植物先后开花吐粉。由初花期到盛花期，蜂群逐步投入授粉。授粉植物开花前，应组织好授粉群。授粉群的组织方法最好是从辅助群中陆续提老蛹脾加到主群中组成，在盛花期前 5 天左右完成。

（2）授粉期的蜂群管理技术。

① 为油菜授粉的蜂群饲养管理。南方的油菜籽在一、二月开始开花，这时天气还较寒冷，外界的野生授粉昆虫少，主要靠蜜蜂为之授粉，所以要尽量想办法让蜂群尽快壮大起来。进行奖励饲喂和保温，促使蜂群尽快成强群。这时蜂王产卵力增强，约 3～4 天能产满一个巢脾，产满 1 脾后及时再加优质空脾，空脾先加在靠巢门第二脾位置，让工蜂清理，经过 1 天后再调整到蜂巢中心位置，供蜂王产卵。将蛹脾从蜂巢中心向外侧调整，正出房的蛹脾向中心调整，待新蜂出房后供蜂王产卵。蜂群发展到满箱时进行以强补弱，使弱群也发展起来。在油菜花盛期到来前 10 天左右进行人工育王，培育一批新蜂王

作分蜂和更替老蜂王。为避免粉压子圈并提高蜜蜂授粉的积极性，可在晴天上午 9～12 时进行脱粉。

南方油菜授粉结束后，北方的油菜才接着开花，一般花期在 6～7 月份。场地要选择有明显标记的地方，以利于蜜蜂授粉。转地进场时间要在盛花期前 4～5 天，如前后两个需要授粉的油菜相差只有几天，为了赶下二场地的盛花期，就要提前退出上一场地的末花期，这样才有利于油菜籽的增产。通常油菜都比较集中，为了便于蜜蜂授粉，最好应将蜂群排放在油菜地中的地边田埂上或较高的地方，以防雨天积水。

② 为柑橘授粉的蜂群饲养管理。柑橘花经常有蝇蛆危害，果农常喷农药防治病虫害，蜜蜂常中毒死亡，所以，蜂群要等喷过药后 4～6 天时间再进场地。蜂群到场地时，应选择离树几十米以外的地方安置蜂群，不要放在果园中的树下，避免农药毒害。要经常和有关部门联系，了解喷药情况以便事前采取防范措施。盛花期遇到喷药要在当天早晨蜜蜂还未出巢前关上巢门等喷药后当天晚上再打开巢门，这样就可以减轻中毒。若在末花期喷药，应及时转地到下一个授粉场地。

③ 为北方早春开花的果树授粉管理　黄河以北春季是梨，桃、李、苹果等果树开花季节，这时野外授粉昆虫少，以靠蜜蜂授粉是增产重要措施。蜂农可出租蜜蜂去授粉，既增加收入又繁殖蜂群。在管理上应注意保温，防止盗蜂。

④ 为西瓜授粉的蜂群饲养管理　西瓜的花期很长，从 4～9 月份，主要是 5～7 月份。西瓜粉多蜜少，花粉在上午 9 点前容易采集，以后多飞散。西瓜花期蜂群进入场地，应选择遮荫的地方放置蜂箱，不能暴晒。此时期要抓紧治螨，发现其他的病害应及时用药治疗，防止传染。

2.4.8.2　温室授粉蜂群的管理技术

温室内不仅空间小，而且高温、高湿，要使蜂群适应温室内的生活环境，蜂群的饲养技术上与大田的饲养技术有很大的差异。

（1）蜂群进温室前的准备工作　由于温室内的空间和蜜粉源植物均有限，所以蜜蜂在进温前最好将老蜂脱去，并喂足饲料和根治蜂螨。

（2）诱导蜜蜂为温室内的果菜类蔬菜授粉　因为蜜蜂生长在野外，自由自在地在空中飞翔，它从巢门一起飞，就是几米、几十米甚至更远。当我们首次将蜜蜂搬进温室时，一打开巢门，蜜蜂拼命往外飞，直撞得塑料大棚"嘭嘭"作响，大部分的蜜蜂都撞死了。因此，须在夜晚搬进温室，晚上打开巢门，巢门口用杂草松散堵塞，让工蜂慢慢咬开，这样做的目的，主要是为了使蜜蜂有一种改变了生活环境的感觉，而温室内的温度比外界的温度高，迫使工蜂有飞出去的愿望，只开一个刚好只能让一只蜜蜂挤出去的小缝，这样凡是挤出去的蜜蜂就不会一冲出巢门就立即飞到很远地方去的愿望，而是绕着蜂箱来回飞翔重新认巢，熟悉新环境。

由于温室内的花朵不可能像大自然中那么多，所以有些植物花香的浓度就相应淡一些，对蜜蜂的吸引力小些，为了能使蜜蜂尽快地去拜访有关植物的花朵，为之授粉，应及时喂给蜜蜂含有将要被授粉植物诱导剂的糖浆，蜜蜂一经吮吸，就陆续去拜访该种植物的花朵，并为其授粉。

（3）蜂群的饲养管理　由于温室内的空间小，小气候特殊，给蜂群正常生活带来诸多不利因素，蜂群的繁殖受到一定的影响，为了饲养好温室内的蜂群，我们根据蜜蜂的生物学特性，研究出一套适合温室特点的饲养蜂群技术，现分述如下。

防潮湿：蜜蜂幼虫生长发育最适宜的相对湿度为80%左右。而蜜蜂羽化最适宜的相对湿度为60%～70%。正常的蜂群（2足框以上的群势）能自行调节巢内的湿度，如果放在温室内的蜂群群势过小，自行调节湿度的能力差，而温室内的相对湿度通常都在90%以上，蜂群在这样高的湿度环境中，不仅对封盖子的羽化有一定的影响，且群内的饲料蜜也会吸收空气中的水分，使之变稀以致变质，蜜蜂吃了这种变质的饲料，容易拉痢。所以在温室内应将蜂群放置在较干燥处。

补充无机盐：蜜蜂幼虫的生长发育，需要无机盐，放在大自然中的蜂群，这些无机盐均可在大自然中获得，而放在温室内的蜂群，蜜蜂就无法得到这些无机盐，幼虫发育将受到影响，所以要及时给蜂群补充所需要的无机盐。

喂水：由于在温室内没有合适的水源，蜜蜂为了采水，只好去吮吸由水汽而凝结成的水珠，这种水珠里不仅含有任何蜜蜂所需要的无机盐，而且还含有许多有毒的物质，成年工蜂吃了寿命会缩短，工蜂用这种水来饲喂幼虫，幼虫易慢性中毒，有的甚至会发育不良，不能正常羽化。所以必须在蜂群的巢门口设内吸喂水器，保证蜜蜂所需要的水，以防止其去采不清洁的水珠。

补充花粉：不仅幼虫生长发育需要花粉，即使幼蜂羽化后也需要大量食用花粉。温室内虽有植物开花，但有时花粉还会短缺，所以一旦发现花粉缺少时，应及时给蜂群补充备用的新鲜花粉。

第3章
中华蜜蜂养殖技术

3.1 从自然蜂巢过渡到活框饲养的过箱技术

3.1.1 收捕野生蜂群技术

对栖息在自然界中的野生蜂群可以诱捕和直接猎捕。诱捕是用空箱涂一层蜡，放在朝南阴凉处。分蜂季节野生蜂群的分出群，飞来找营巢场所时，由于蜡味引诱，使其入箱筑巢被收捕。其次是人工猎取栖息在岩洞、枯树洞中的蜂群。猎取时，用收蜂笼先收蜂群后割巢脾，割脾时不要损破子脾。子脾带回后，框入巢框内绑好。晚上把收的蜂群抖入，并在巢门口松散地塞一些杂草，使工蜂缓慢外出认识新巢。野生蜂群野性大，收捕后饲养的经济效益不如长期经人工驯化的中蜂群，而且易逃亡。因此作为已人工饲养的中蜂场而言，不宜再从野外补充蜂源。此外，保留一定数量的野生中蜂群在附近山林中，有利于蜂场周围自然生态环境的保护。

3.1.2 过箱操作

把饲养在木桶、竹篓、土窝、谷仓等固定蜂巢的群蜂（彩图6）改为活框蜂箱饲养的操作技术称过箱技术。

3.1.2.1 过箱前准备

(1) 时间的选择 过箱宜选择在外界蜜粉源植物丰富的季节，气温在 20℃以上的晴暖天气中进行。

(2) 群势要求 群势一般应在 5 框（1 千克蜂量）以上，群内应具有子脾，过弱的蜂群，其保温和存活能力差，过箱不易成功。

(3) 蜂群位置的调整 准备过箱的蜂群；如高挂在房檐或放在其他不适当的地方，需逐日把蜂桶慢慢移至便于操作的位置。

(4) 必备的工具 无强烈木材气味的中蜂十框标准蜂箱，穿好铅线的巢框，收蜂具，稍小于巢框内围尺寸的平木板和面盆、毛巾、面网、蜂刷、割蜜刀、钳子、钉锤、剪刀、小钉、喷烟器、细麻绳、割脾用的工作台等。

3.1.2.2 操作程序

过箱操作宜三人协作进行。由于蜂群栖息的蜂桶形式不同，在过箱方法上略有差异，但操作程序上基本一致。

(1) 驱蜂离脾 先将蜂桶外围清理干净，轻轻启开固封物。

对直立式蜂桶，即把蜂桶顺巢脾平行方位翻转，使底面开口向上，四周最好用布等堵严，用木棒轻击桶壁或喷淡烟驱赶，促使蜜蜂离脾上爬，逐渐集结在收蜂笼里。待蜂在收蜂具中结团后，将收蜂具提起，悬挂（或垫高）在蜂箱上方（事先把蜂箱放在蜂桶的原位置），然后割脾。

对横卧式蜂桶，如能打开一端，也可用上述方法进行。如两端无法打开，可取去捆绑物，轻轻启开中缝，看清巢脾位置后闭合，抬高空虚的一端或翻转，用木棍敲打有巢脾的一边或喷烟，驱赶蜂群至空处结团，然后打开蜂桶割脾。对土窑或墙洞中的蜂群，可先轻启前挡板，察看是否与相邻土窑有小孔相通，如果有小孔，仍放好挡板，从巢门口向内喷烟，驱赶蜂群到相邻土窑中结团，再打开挡板割脾。如系单一土窑，可设法将蜂驱到空处结团后割脾。

（2）割脾、绑脾　割脾时用刀面紧贴巢脾基部下刀，用手托脾取出，扫去剩余工蜂，置于平板以供装框、绑脾。装框时首先把巢脾基部切平，紧贴上梁内侧，再用小刀紧贴铅线轻划，深及巢脾单面房底后，将巢框上梁向下竖起，用麻绳等采取插或吊的方法将巢脾绑牢在巢框上（图 3-1）。绑好的脾随即放入箱内，以免冻伤幼虫或引起盗蜂。在蜂箱内，将大子脾于中央，较小的依次摆放两侧，形成类似自然蜂巢中的半球形。巢脾间保持 7～10 毫米的蜂路。

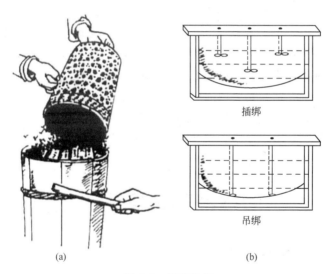

（a）　　　　　　　　　　　（b）

插绑

吊绑

图 3-1　过箱操作
（a）驱蜂离脾；（b）插绑，吊绑

（3）抖蜂入箱　巢脾全部绑完后放入蜂箱内，加外隔板，缩小或关上巢门，即可将收蜂笼内的蜂团抖入蜂箱。不宜把蜂团抖在巢门口，让蜂爬入箱内，这种方法容易损失蜂王。

（4）打开巢门　抖蜂入箱后立即盖上箱盖，待箱内声音较小后再开巢门，使分散在蜂箱外的工蜂自行爬入。巢门开向应与原巢一致。若原群是在土窑或墙洞内，过箱后可将蜂箱放在靠近原巢门处。过箱操作完成后清扫场地，用清水冲洗地面和蜂箱上的蜜汁，以防止发生盗蜂。

3.1.2.3 过箱后的管理

过箱后1~2小时从箱外观察蜂群情况，若巢内声音均匀，出巢蜂带有零星蜡屑，表明工蜂已经护脾，不必开箱检查。若巢内"嗡嗡"声较大或没有声音，即工蜂未护脾，应开箱查看。如果箱内蜜蜂在副盖上结团，可将巢脾移近蜂团让蜂上脾。次日箱外观察如有采集蜂带有花粉回巢，即表明蜂群情况正常。如果工蜂出巢少应开箱快速检查，察看工蜂是否上脾、蜂王是否存在、巢脾是否修复、有无坠脾或脾面被损坏等情况。若出现以上情况应及时处理。过箱后4~5天，再进行一次整理，除去已修补好的巢脾上的捆绑物，重新接正下坠或歪斜的巢脾，清除箱底的蜡屑等污物，抽出多余的巢脾，使箱内蜂多于脾。刚过箱的蜂群，还不适应蜂箱内的条件，需在傍晚进行喂饲，缩小巢门，防止盗蜂。若外界蜜源条件好，10天以后即可加巢础造脾，逐渐更替旧巢脾。

3.2 活框饲养的蜂具

3.2.1 蜂箱

中蜂的蜂箱比意蜂箱小，两种常用中蜂箱的巢框内径如下：中蜂标准箱 400 厘米×220 厘米，巢框面积 880 厘米^2（图 3-2）中一式 385 厘米×220 厘米，巢框面积 847 厘米^2。而意蜂标准箱是 420 厘米×206 厘米，巢框面积 877 厘米^2。虽然中蜂标准箱的巢框面积与意蜂箱接近，但中蜂的巢脾沿与底条不连，相距有 10 厘米，因此巢房面积还小于意蜂箱。经多年应用证明：中一式蜂箱比标准式更适合中蜂。中蜂的蜂路为 5～6 毫米，而意蜂为 7～8 毫米，因此中蜂箱在外围及内围空间都小于意蜂。安装在巢门挡板的巢门，中蜂采用圆形和条形两种。

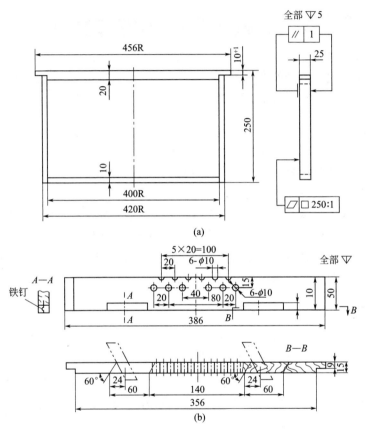

图 3-2　中蜂的巢框及巢门挡板（单位：毫米）
(a) 巢框；(b) 巢门挡板

3.2.2　分（摇）蜜机

中蜂的分蜜机应采用不锈钢制造，筐笼与巢框高度一致。

中蜂蜂箱的巢框高，不能使用意蜂分蜜机，须与生产厂家另订造。

其他蜂具与意蜂场基本一致，只是中蜂群不能使用喷烟器。

3.3 活框饲养基本操作技术

3.3.1 蜂箱的排列和移动

3.3.1.1 场地选择

许多农户喜欢把中蜂群放在住宅的房檐下，甚至放在房门口。这种摆放影响了工蜂、雄蜂的活动又影响人、畜的安全，是不正确的。蜂群应放在离宅居地 50 米处的山坡或偏荒地上，与人居分离。各蜂箱的箱距以 1 米为宜，各蜂箱的巢门应互相错开。南方各地用短木桩支起蜂箱可减少蚂蚁及蟾蜍的危害，北方及较高寒地区直接用石块垫高。蜂场上需有一些矮树林以供遮荫用。选择蜂场避开水道及风口，以朝南背北为好。

3.3.1.2 蜂群的移动

蜂群开巢门后，蜂箱不能再随意移动，移动了会使回巢工蜂找不到巢门，飞入其他蜂群引起互相厮杀。如果需要移动蜂群，应保证巢门的方向不变，以每日 0.5 米的距离向前后或左右方向慢慢移位。如果在 1～2 千米内移动，那么应先把蜂群搬到 2.5 千米以外地点，暂时饲养 10～15 天之后，再搬到预定地点。移动蜂群应在夜晚或清晨进行。

3.3.2 蜂群的检查

检查蜂群的目的，就是了解蜂群群内的情况的日常操作。检查蜂群应根据不同的外界条件和不同时期管理蜂群的要求，做好全面检查、局部检查和箱外检查。

3.3.2.1 全面检查

全面检查就是对蜂群逐框进行仔细观察，掌握蜂群的全面情况。这种检查不宜太多。以免破坏蜂群内的生活条件，扰乱蜂群的正常工作，或引起盗蜂，或因惊扰蜂群，引起飞逃。一般在春季蜂群解除包装后，蜂群发生分蜂热前，主要蜜源开花期开始和结束，蜂群准备越冬前，以及意外情况发生时，才进行全面检查。检查蜂群时严禁使用喷烟器驱蜂。

全面检查要选择风和日暖、外界有蜜源、气温在 $15 \sim 25$ ℃时进行。蜜源中断期，尤其是秋季断蜜期，不要全面检查，以防引起盗蜂。

检查蜂群时，养蜂人员要穿浅色干净的衣服，将手洗净，身上不要带有葱、蒜、香皂、汗臭和鱼腥等特殊气味。准备好所需要的蜂具和蜂群检查记录表，站在蜂箱侧面背光位置，动作轻快敏捷，有条不紊，箱盖、覆布要轻取轻放，顺序逐框细心检查。提脾、放脾要轻要稳，以框梁为轴线转看两面，不得把巢脾平放观察，以防蜜粉掉落、蜂脾变弯、铅丝中断而跨脾。任何动作都不可震动蜂群，以免引起工蜂离脾。

全面检查须要观察蜜蜂的全部情况，包括蜂脾关系、子脾多少、空脾以及巢脾的位置、贮存饲料情况、是否失王、蜂王产卵情况。检查结果后记录下来。并根据检查结果采取相应的管理措施。

3.3.2.2 局部检查

当外界气温低或缺乏蜜源不宜做全面检查时，或者只需要了解蜂群的某些情况，可提出少数巢脾进行局部检查，以推测蜂群的一般情况。如发现提出的巢脾上有新产的卵，就说明蜂王的存在；若没有卵而且又有自然王台出现，说明不缺饲料；内有空巢脾或空巢房，说明蜂王有产卵之处，有贮蜜空间；紧靠隔板的边脾蜂很稀，而且外侧蜜很少，内侧正常，说明脾多，需要抽脾；巢脾上出现新蜡或赘脾，说明要造脾；巢脾上贮蜜多，巢房加高发白，说明蜜源好等。

3.3.2.3 箱外观察

由于外界自然条件不适宜开箱检查（如气温低、连阴雨、风力大等的影响，或断蜜期），可通过箱外观察的方法，分析判断蜂群的情况，以便进一步检查或作适当处理。箱外观察虽然不能了解蜂群的全面情况，但是可作为一种常用的检查蜂群的辅助手段，以减少开箱次数，避免过多地干扰蜂群。

箱外观察判断群内情况的内容很多，如在晚秋或早春，蜂群越冬时，巢门板上出现较多的蜡渣和无头、无胸的破碎死蜂，蜂巢内发出臭味，这是蜂群遭受鼠害；越冬期，若蜂群内振翅声大，外界较冷，说明箱内温度低于蜂群正常越冬温度，需要保温；有的蜜蜂体色变黑，腹部膨大，飞翔困难，巢门附近有稀粪便，这是蜜蜂得了痢疾病；春夏季采集蜂出入频繁，它进巢门时腿上携带大量花粉，说明巢内哺育工作正常；若回巢蜂腹部很大，飞翔较慢，落地沉重，这是大量进蜜；蜜蜂在箱壁和巢门聚集成堆，这表明巢内拥挤闷热，通风不良；蜜源较好时，有的蜂群却很少外出采集，同时巢门前形成"蜂胡子"，这是自然分蜂的预兆；出现盗蜂，表现外界蜜源稀少。

3.3.2.4 巢脾的布置

检查蜂群后，应把巢脾布置好。布置巢脾的顺序，中央是幼虫脾和卵脾，外周是蛹脾和蜜粉脾，空脾可插在幼虫脾之间。夏季和流蜜期，应脾稍多于蜂，但也不能置放过多巢脾。

3.3.3 蜂群的合并

在生产中，经常会出现失去蜂王或者蜂群发展不快，蜂群弱小；或者为了提高采蜜量，将小群合成强群采蜜等，都需要采用一群与另一群合并的技术。由于各群的气味都不相同，如果合并蜂群一定要采取适当的方法。但中蜂合并蜂群时不能用刺激性物品用来混淆气味，因为中蜂受刺激易造成飞逃。

合并蜂群应当把较弱的合并到较强的蜂群内，把无王群合并到有王群里。若两群都有蜂王，要在合并的前一天将较次的一只蜂王拿走，第二天再把这群合并到有王群内。最好将相邻的蜂群合并，合并后把腾出来的空箱搬走。

对于失王时间较长，群内老蜂多、子脾少的蜂群，工蜂可能已经产卵，合并前一天要调入一、二框未封盖子脾，除去王台，然后合并。或把这样的蜂群分散合并到几个蜂群里。工蜂产卵时间长的蜂群，可将蜜蜂抖落在地上，使其进入其他蜂群，达到合并目的。合并不成功，发现攻蜂王时，可用蜂王诱入器将蜂王扣住，待工蜂接受后放出。

合并蜂群有两种方法，直接合并和间接合并。

直接合并：当外界有蜜、粉源植物开花，或在流蜜期中，可使用直接合并法。合并在傍晚进行，把被并群的工蜂连同巢脾放进并入群内的隔板外侧，相隔一框距离，喷一些蜜水或糖水，第二天靠拢，除去隔板，三天后再统一调整。

间接合并：在蜜源稀少，早春、晚秋蜂群警惕性高时，必须采用间接合并法。把有王的并入群抽去隔板，换入铁纱隔板，然后将被并群放入，靠在铁纱隔板一侧，盖上覆布，过1～2天两群气味混同后，再将铁纱隔板抽掉，整理巢脾。也可用扎成许多小针孔的报纸代替铁纱隔板，双方工蜂把纸咬穿后，便自行合并了。

3.3.4　人工分群

从一群或几群蜂中，抽出部分工蜂、子脾和蜜脾。组成一个新的分蜂，就是人工分群。人工分群是人工增加蜂群的方法，人工分群通常有单群平分和混合分群两种方法。

单群分群：就是将一个原群按等量的工蜂和子脾分成两

群，其中一群保留原有蜂王，另一群诱入一只新产卵蜂王。具体操作办法：人工分群以前先把原箱向旁边移开 0.5 米在原群的另一侧相距 0.5 米处放一个准备好的蜂箱，再从原群提出一半的工蜂、子脾及半蜜脾到空箱内，这工作应在傍晚进行。次日，在新群内诱入一只交尾成功的新王，如果发现采集工蜂分布不均匀，多飞向原群，即把新群向中间靠拢一些。直至采集蜂大致均匀分布为止。然后遂渐将二群的巢门方向错开，这样才能减少采集蜂迷乱现象。

若春季天气还冷，新群常因工蜂偏集而减少蜂数，容易冻死卵及幼虫。因此可以采用原箱分蜂法，即在原群中间加隔堵板，提一半的工蜂及巢脾到另一侧，开侧巢门，并把蜂箱旋转 45 度，使飞翔蜂从原巢门和侧门进入。诱入新蜂王后，原箱就变为双王同箱，进行双王同箱繁殖。待蜂群发展了，再用二个单箱饲养。

混合分群：在流蜜期，当采蜜群发生分蜂热时，可从不同的蜂群中提出子脾、工蜂共同组成一个新群，安置在蜂场一边，待采集工蜂回原群、留下幼蜂后，诱入一个新产卵王，组成新群。由于流蜜期天气炎热，不会发生冻死蜂子现象，而且工蜂之间气味一致，容易合成一群。不是流蜜期，一般不采用此法。

3.3.5 蜂王的诱入

养蜂经常会遇到失王、更换老劣蜂王以及人工分蜂等问题，需要给蜂群诱入蜂王。诱入蜂王的方法很多，但大致可分为直接诱入或间接诱入两种。

间接诱入法：这种方法比较安全，但过程较长。一般用于外界蜜源缺乏、蜂群失王过久或开始工蜂产卵的蜂群。首先，将蜂群里的王台除净，然后用诱王笼把要诱入的蜂王连同几只幼蜂一起，扣在巢脾上有蜜、粉和空巢房的地方。诱王笼要扣牢。过 1～2 天进行检查，如果发现很多工蜂紧紧围在外面，并企图钻进诱王笼，说明蜂王没有被工蜂接受；这时应该详细检查蜂群，是否有未清除的王台或出了新的蜂王。检查处理后，再扣 1～2 天。如果围在诱王笼外面的工蜂已经散开，或开始喂饲蜂王，说明已接受，可以拿掉诱王笼。

直接诱入法：直接诱入法不够安全，只能在大流蜜期中，失王 1、2 天的蜂群使用。在上午，先将失王群里的急造王台除净，隔 3～4 小时，在采集蜂大部分出勤时，将蜂王直接放在框梁上或巢门口，让蜂王自己进入箱内。另一种方法是除净无王群的王台后，带蜂提出一框幼虫脾放在隔板外，同样从供给蜂王的蜂群里，提出一框蜂王连蜂的脾放在隔板外与原群提出的一脾稍隔开一些距离。傍晚这两个巢脾上基本只剩下幼蜂与蜂王，将两脾距离缩短到一个蜂路。第二天上午，把隔板抽掉与原群靠在一起。直接诱入蜂王后，要多进行箱外观察；如果工蜂活动正常，轻易不要开箱检查，少惊动蜂群，如果发现巢门口有振翅、激怒不安和互相厮杀的小蜂球，可能蜂王被围，应立即开箱检查，解救蜂王，再采用间接诱入法。

蜂王被围的解救：由于蜂群之间的"群味"不同，在失王群诱入蜂王而未被接受；处女王交尾回巢，行动惊恐，慌张，带有异味；检查蜂群动作过重时蜂王受惊，或发生盗蜂，蜂群集体飞逃；以及在分蜂等情况下，工蜂为了保护蜂王，都会出现围王的现象。围王是工蜂将蜂王团团围困在中心，结成一个鸡蛋大小、结实的蜂球，如不及时解救，蜂王就会被围死。

解救方法：将围王的蜂球抓出箱外放在水里，工蜂着水便飞去，抓住蜂王，检查是否受伤。如果完好无损，用诱入器把它扣在巢脾上，等蜂群安定后，再轻轻放出蜂王。或把围王的蜂球放在平板上，扣一只玻璃杯，然后在旁边放一张涂有樟脑油或清凉油的纸，一张涂有蜂蜜的纸。把蜂球移到有蜜糖的纸上，围王的工蜂便开始吃蜜，经过这样的处理，工蜂就不再围王了。隔 1～2 小时，蜂群平静后，连蜂带有蜜糖的纸轻轻放在框架上，让蜂王自己爬进巢脾。

3.3.6 自然分蜂及飞逃蜂团的收捕

自然分蜂或者飞逃飞出的蜂团落定以后，要及时收捕，否则它会重新起飞，造成损失。

3.3.6.1 收捕方法

准备好一个空箱，内放一框带有少量蜂子的蜜脾，几框装好巢础的巢框，关闭巢门后放在荫凉处备用。无论是自然分蜂

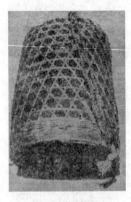

图 3-3 收蜂笼

飞出或飞逃的蜂群，不管用什么用具，方法都相同。收捕时，利用蜂群向上的习性，将收蜂器放在蜂团上方，用蜂刷或带叶树枝，从蜂团的下部轻轻地催蜂进入收蜂笼（图 3-3）。但必须注意，把蜂团全收完，以免遗漏。如果蜂团落在高大的树枝上，人无法爬上去时，用杆子将收蜂器挂起，放在蜂团上面收蜂，然后把收蜂器中的蜂团抖入准备好的空箱里。如果蜂团落在小树枝上，可轻轻锯断树枝，将蜂团抖落在空箱里。如果蜂飞得很远，可将蜂团收下后，抖入面网或铁纱袋内，拿回抖入箱内。

若同时有多群分蜂或飞逃，并在一起结团时，要把蜂团全部收回，并把围王的小蜂球放在水中解救蜂王，将蜂王放入诱王笼，扣在各群的蜂脾上。然后将蜂团分入各群，关上巢门，晚上再打开。2～3 天后，视其接受情况，放出蜂王。

3.3.6.2 收捕后的处理

收捕后的蜂群，若第二天工蜂出入正常，并有工蜂采集花粉回巢，说明已开始正常生活，就不要开箱检查，两三天后再检查。如果工蜂出入很乱，飞翔慌张，可开箱检查，当晚进行

奖励喂饲，以促进安定。

3.3.6.3　防止蜂群飞逃

蜂群飞逃可能给蜂场造成损失。对于已飞逃的蜂群，收捕后，应找出引起飞逃的有害因素，清除这些因素才能使蜂群恢复正常。在管理过程中，应努力给蜂群创造良好的生活条件，才能避免发生飞逃。引起蜂群飞逃一般有以下因素。

患严重的囊状幼虫病或欧洲幼虫腐臭病。

箱底太脏，巢虫滋生；或者将空脾留在隔板外，引起巢虫大量繁殖。

群内缺蜜，长期没有幼虫和蛹。

盗蜂严重，蜂群无法抵抗。

夏天蜂箱受太阳直接曝晒，箱内太热。下雨，箱内受水浸泡。

喂药时，所用的药物刺激性太大。

检查时手太重，蜂群受到严重的振动。

蜂箱的位置正对烟囱，长期受浓烟的刺激。

必须针对蜂群的不同情况，及时去掉不利因素。如为病群，要及时治疗；防止巢虫；缺蜜群及时喂蜜；受太阳晒的要遮荫；保持蜂群安静等，才能做到防止蜂群飞逃。

3.3.7　盗蜂及其防止技术

所谓盗蜂，就是飞到别的蜂群里，盗吸蜂蜜后飞回原群的工蜂。盗蜂一般发生在断蜜期，常因群内缺蜜，或者蜂蜜遗留在地上，或是装蜜脾的蜂箱关闭不严等而引起。

3.3.7.1　盗蜂的识别

盗蜂由于蜂蜜气味的吸引，在蜂箱周围和巢门口杂乱地飞翔，无一定规则。当与被盗群巢门口的守卫蜂厮杀、滚打之后，有一些盗蜂进入蜂箱。它们飞出时则腹部膨大，行动慌张。在被盗群巢门口因厮杀会出现较多的死蜂尸体，有些尸体残缺弯曲。在箱底和箱体接缝处常有盗蜂聚集，企图钻入。它们飞翔的声音尖锐。盗蜂早上出勤比正常群早，傍晚回巢晚开箱检查被盗群时，在框梁或巢脾上可看到被盗的工蜂紧紧追赶盗蜂。怎样识别盗蜂群呢？在被盗群巢门口，给出巢蜂身上洒些白粉，发现有白粉的蜜蜂飞入的蜂群，就是盗蜂群。

发生个别起盗时，要及时处理，否则会引起全场起盗，造成集体逃跑，或者个别群内蜂蜜被盗光、啃子、工蜂以及蜂王被咬死等。

3.3.7.2 盗蜂的预防及其处理

(1) 放蜂场地的选择和蜂群排列 对于小转地饲养的蜂群，首先要选择蜜源条件好的场地放蜂。两场之间要有1～2千米的距离，不要把蜂群放在邻场的飞行线上，以免蜜源末期，断蜜后发生盗蜂。蜂箱的排列，要根据地形单箱不同方向陈列，蜂群之间不宜太近，因中蜂的定向力差，容易误巢而发生盗蜂。

(2) 加强蜂群管理 中蜂在一般情况下，尤其在缺乏蜜源时要缩小巢门，管理好蜂箱蜂具，堵塞漏洞，不做全面检查。需要检查时，时间不宜过长。不能将巢脾上的蜂蜜，掉在地上或蜂箱里，更不能把蜜脾等放在蜂箱前面。检查后要盖严箱盖。饲喂蜂群时，不能将蜜汁洒在箱外。在蜜源结束前，抓紧抽出空脾，使蜂脾相称，留足饲料。把抽出的空脾严密保存，取蜜后，对现场和用具要清理干净，以防引起盗蜂。

蜜源结束前，要对无王群和弱群及时合并，或采取补强的办法及时处理，因弱群抵抗盗蜂能力差。

(3) 制止零星盗蜂 如发现零星盗蜂，应缩小巢门，在巢门前放些杂草或几块木板，隐蔽巢门，让本群工蜂仍能出入，而盗蜂进入较难。也可以在巢门前喷水或涂少许煤油，以驱逐盗蜂。必要时，可将巢门关闭，放在阴凉处，晚上打开巢门。此外，也可将盗蜂群与被盗群互换位置。

（4）制止大股盗蜂 如发生大股盗蜂，要迅速堵住巢门，对乱飞的盗蜂，用浓烟喷入，过 1 小时后打开巢门，放走盗蜂再关闭。到晚上将盗群和被盗群的巢门打开，同时可采用搬家的办法，将被盗群搬到别的地方，在原地放一空箱，盗蜂进入空箱，无蜜可盗，起盗自然解除。

（5）互相起盗的制止 个别蜂群起盗后，若形成全场起盗可在早晨蜂群出勤前，用铁纱堵住巢门，在蜂箱的另一边开一圆孔巢门，若盗蜂拥挤在原巢门上，可进行喷烟，2～3 天后取掉铁纱，关上巢门，让各自熟悉新巢门。也可在巢门口安装简易防盗器，防盗器可用铁纱做成一头插入箱内，一头在箱外突出一寸。如果还制止不住，就采用搬走的办法，解除盗蜂。

（6）意蜂盗中蜂 中蜂群之间互相起盗，一般不会杀死蜂王，而导致蜂群毁灭。但如果周围意蜂场的意蜂来盗中蜂，即要特别注意，由于中蜂群的巢门守卫蜂对来盗的意蜂常失去警觉不进行厮杀，意蜂工蜂比较容易进入中蜂群，并迅速地夺取贮蜜及杀死中蜂群的蜂王，造成整群毁灭。长江以北地区的秋末，这时意蜂盗中蜂造成的损失特别严重。如果出现这种盗蜂，又无法控制时，中蜂场应迅速搬迁，逃避意蜂的盗蜂。

3.3.8 工蜂产卵的识别和处理

中蜂蜂群失王以后，很容易出现工蜂产卵。一般失王 3～5 天就可以发现工蜂产卵。在蜜、粉源充足的时期，失王和开始改造王台时，也可能有少数工蜂产卵。

工蜂产卵是分散的，在一个巢房产数粒卵，而且东歪西斜，十分混乱。这些卵都是未受精卵，即使卵孵化也只能产体格小的雄蜂。

发现工蜂产卵以后，立即诱入一个成熟的王台或产卵王，比较容易被接受。诱入蜂王发生困难时，可在上午把原箱移开0.5 米左右，在原来的位置上放一个空箱，调入一个正常的小群，让工蜂产卵群的工蜂飞回原址。晚上，再把工蜂产卵群的所有巢脾提出，把蜂抖在原箱内饿一夜，第二天让飞回原址。然后加脾进行调整。

当新蜂王产卵或产卵王诱入成功之后，产卵工蜂会自然消失。但是还须处理不正常的子脾：突出的雄蜂房封盖用刀切除；幼虫用摇蜜机摇出；工蜂产的卵用酒精喷杀，或用糖浆泡后交还蜂群清理，或用 3‰碳酸钠溶液灌脾，再用摇蜜机分离出卵，以清水洗净脾并阴干后使用。

如果工蜂产卵超过 20 天以上，群内已大量的雄蜂及雄蜂脾，对这种蜂群，只能分散地合并到其他蜂群去。

3.3.9　蜂群的喂饲

当工蜂从自然界中采集的花粉、蜜较少，无法维持生活及哺育幼虫时，或者人们需要促进蜂群加速繁殖时，要对蜂群进行喂饲。

喂蜂群的主要饲料有蜂蜜、白糖、花粉、水、无机盐等。

3.3.9.1　喂糖

（1）补助喂饲　是指在断蜜期或越冬前，以及早春蜂群开始繁殖前，因外界缺乏蜜源，而巢内饲料又不足时，对蜂群大量进行喂饲高浓度的糖水或蜂蜜（争取在 1～2 天内喂足）。

（2）奖励喂饲　是在早春蜂群进入繁殖期，及秋季为了培养越冬适龄蜂，促使蜂王产卵，给蜂群喂饲低浓度的糖水或蜂蜜（量少次多）。

补助喂饲的糖水或蜂蜜可加入 5％～10％的净水，奖励喂饲的糖水或蜂蜜应加 30％～50％的净水，用文火化开，待放冷后，灌入饲养器或空巢脾中，傍晚进行喂饲。当外界气温低时可放在隔板内喂饲。

3.3.9.2　喂花粉

花粉是蜜蜂食物中蛋白质的主要来源（花粉中蛋白质的含量高达 8%～40%），也是蜂粮的主要成分。在外界粉源植物尚未开花或粉源不足的情况下，会影响蜂王的产卵，使幼虫发育不良。巢内缺粉时要及时进行喂饲花粉，也可用蛋白质含量较高的代用花粉；如黄豆粉、生鸡蛋、鲜牛奶、干酵母、胡萝卜汁等（奶粉、蛋黄及乳制品要经过脱脂）。以干酵母为例，500 毫升水中加白糖（或蜂蜜）300 克，煮沸溶化，加入研成粉末的酵母片 7 克（14 片）再煮沸，放冷后每群（10 框）喂200 克为宜。随配随用，不可久放。

3.3.9.3　喂水

水是蜜蜂维持生命活动不可缺少的物质，除了蜜蜂本身新陈代谢需要水之外，蜜蜂食物中，营养物质的分解、吸收、运送及剩余物质的排出，都离不开水。此外，蜂群还用水来调节巢内的温度，尤其在炎热的夏天和蜂群的繁殖季节，需水量更大。一般一箱处于繁殖时期的中等群，一天须消耗水 250 毫升。所以当外界采不到水或水源缺乏时，须供给蜂群饮水。

(1) 在早春蜂群开始繁殖时，工蜂出巢采集，往往因气候变化而被冻死，为此可在巢门口喂水。用一个小瓶子，内装脱脂棉，然后加入干净的冷水，用细纱布条，一头放入瓶内，一头放在巢门口，让工蜂采水。

(2) 在蜂场上放一个脸盆，内装干净的沙石，倒入净水，让工蜂采集（地点要固定）。

(3) 在蜂场地上挖一个坑放入塑料膜，再加入干净的沙石，倒上净水。

3.3.9.4　喂盐

食盐是构成和更新机体组织、促进生理机能旺盛和帮助消化不可缺少的物质。给蜂群喂盐可与喂水结合起来，在净水中加入 0.5％的食盐。

3.3.10 造脾技术与巢脾的保存

在旧式蜂桶内，中蜂是自然造脾，巢脾都是半圆形，即上大下小，而且巢房孔大小不一，雄蜂房多。中蜂活框饲养后，采用人工巢础，并让工蜂在人工巢础上造脾，这样造出的巢脾，房孔大小一致，很少雄蜂房，同时巢础是安在巢框和铅丝内的，因此造成巢脾后，不怕振动，便于摇蜜机摇蜜，也有利于转地饲养。中蜂造脾需要做以下准备工作。

3.3.10.1 工具准备

准备巢框、23～24 号铅丝和人工巢础片。市场上有中蜂和意蜂巢础两种，不能把意蜂巢础作为中蜂巢础使用，中蜂人工巢础的础基孔内径为 4.5～4.7 毫米。以上物件都备齐后，第一步工序是拉线，即把铅丝穿在巢框上。

拉线时要把铅丝拉得很紧，用手指轻弹会发出琴声。其次不用钉子或少钉子，铅丝两头用倒接。由于铅丝表面不是很平直的，因此在第一次拉好后，再用起刮刀上下刮铅丝，然后再拉一次，铅丝便拉紧了。

3.3.10.2 上础

即把巢础安装在巢框内，当日造几张脾就上几张巢础，上好的巢础不能贮放。上巢础要用上础板（图 3-4）。上础板的大小与巢框内径相同，可以稍小一点，但不能大于内径。如标准式蜂箱巢框内径长 400 毫米，高 220 毫米，上础板的长则用390 毫米，宽 210 厚 10 毫米。中蜂上础，础片不能粘到下梁，要留 15～20 毫米空隙。

上础注意巢础与上梁的连接要牢，一般都是用蜡粘连。可用熔蜡壶，也可用切下的巢础小片卷成蜡烛状，中间放一条棉

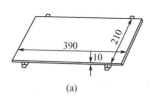
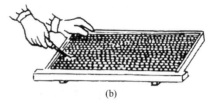

图 3-4　上础

（a）上础板；（b）用固定式埋线器上巢础

花，点燃后使熔化的蜡斜滴到上梁与巢础之间。埋线时要轻、快。常用的埋线方法是使用齿轮式埋线器。巢础上后，表面不能损伤，也不能过多地把巢础表面的房基压平。粘用的蜡不能滴到巢础表面上。埋线不要太重，才能少损坏础片上的房基。

中蜂的巢础比意蜂巢础薄，上础和埋线时注意不要弄破巢础。

3.3.10.3　蜂群准备

要选强群和没有分蜂热的蜂群来造脾。蜂群造脾前一天先喂白糖水。加巢础前的 1 小时，打开蜂箱，把靠边第二个脾与第三个脾之间的框距拉开到足够放一个巢框。傍晚把上好的巢础，搬到蜂场，在插入蜂群之前，用嘴含少量糖水喷洒在础的表面上，然后插入事先准备好的位置中。巢础插入后，把两边的巢脾靠紧，不需要留蜂路。

中蜂加础一般是加入靠边第二与第三张脾之间，不能加在中间。一个六框的中蜂群，一次加入一张巢础。

3.3.10.4　检查与喂饲

插入巢础后的第二天下午，必须检查蜂群有否造脾；如果没有造脾，须把巢础提出；如果已造一半，即可插入中间，让工蜂加高，供蜂王产卵。

为了促使蜂群加速造脾，加础群要进行喂饲 1：1 的白糖水，或蜂蜜水，并加强保温。中蜂群造脾，一般是造好一张，再加一张。中蜂群除了使用人工巢础造脾，还可采用修脾造脾。即是把老脾的下半部割去，让工蜂在下面接造新巢脾。这种造脾的速度慢，巢房孔大小不整齐，但可以在外界蜜源较少的情况下进行。

所以中蜂群的造脾应使用加础造脾和下接造脾相结合；蜜源好的情况下，多用人工巢础造脾。

3.3.10.5 巢脾的保存

流蜜后期，入冬之前，蜂群缩小时，可以抽出许多巢脾，其中有许多是可以继续供蜂王产卵的好巢脾。这些巢脾必须保存起来，以便繁殖期使用。有些养蜂员只是把多余的巢脾提放在隔板（保温板）外面，不加处理，不久这些放在隔板外的巢脾都被巢虫损毁，同时还会引起蜂群逃亡。

多余的巢脾抽出后，需要保存的，立刻存放在空箱中，然后把这种蜂箱的纱窗以及一切缝隙都用纸糊严，并封闭三个巢门，留一个巢门。后用一片瓦，上放少许硫磺，点燃后送入箱内，再关闭此巢门。硫磺燃烧后产生的二氧化硫，能毒死巢脾上的巢虫，但不能杀死蜡螟的卵和蛹。因此，半个月后应再次熏杀，之后才能封好巢门放在阴凉干燥地方保存。使用时再拆开箱，开一箱用一箱。如果能买到二硫化碳，则用二硫化碳熏杀，效果更好。

3.3.11 蜂群的保温及遮荫

保温及遮荫是协助蜂群调节蜂箱内温度的人工措施，在中蜂饲养中常被忽视，而中蜂群对群内温度调节能力较差，因此这两项是重要的管理措施。这两个措施运用得好，可以加速蜂群发展，减少飞逃。

3.3.11.1 保温

在早春，晚秋及冬季都应给蜂群保温。

（1）调节蜂、脾比例 在蜂箱内置放的巢脾张数与蜂量的比例合适才有利巢内保温及繁育。在春、秋季，工蜂应能覆盖每张巢脾，边脾 80％以上的面积都布满工蜂，如果检查中发现边脾的覆盖面低于 50％，即巢多于蜂，应抽出巢脾。如果边脾上的工蜂延续到底板上，即脾少了，应加脾，扩大繁育面积。脾与脾之间的空隙称蜂路，蜂路宜 10 毫米以下为宜。过狭不利工蜂活动，过宽不利保持子圈的温度。

（2）调节巢门　春、秋季，蜂箱的巢门不宜开过宽，舌形门以开 10～15 毫米为宜。巢门过大，早、晚的冷风容易吹入蜂箱，降低巢温。早春可把巢门垂直巢脾而开，这种巢门称暖式巢门。暖式巢门十分有利保持巢温，有利繁殖。

（3）加盖塑料薄膜　常见的方法是在内盖加一层塑料膜，一直保存至夏天。塑料膜可以减少温度散失，又有利保存湿度，对饲养中蜂有良好保持温湿度效果。

（4）黄河以北地区，冬季气温在零度以下，这时应对蜂箱进行外包装　蜂箱下铺稻草，箱上盖稻草帘，帘上压石块，箱体外壁也包上草帘。如果几群一起过冬，那么箱体间用麦秆塞好。中蜂群过冬一般不需要内包装，箱内的隔板紧贴外脾即可，只要外界的冷风不能吹入箱内，蜂群都能顺利过冬。

3.3.11.2　遮荫

夏日太阳照射温度很高，必须给每群蜂的蜂箱遮荫。遮荫常用一块挡板阻挡直照蜂箱的阳光，以减少蜂箱上温度升高。最简单的办法是在箱盖上加一块草帘、木板等。帘，板一边突出箱体前沿使阴影盖住巢门，以避免巢门受阳光照射。有条件的蜂场可造一个简单棚架，棚架一般高 2 米以便可进入操作蜂群，棚架顶部用草帘遮盖即可，不必防雨漏。

3.4　人工育王技术

蜂王是每群蜂的中心，它的优劣决定蜂群生产能力的好坏。为了得到大量的优质蜂王，以提供新蜂群和更换老蜂王使用，就需要采用人工育王技术。人工培育蜂王不但可以及时满足蜂场需要，而且在培育过程中，能够有目的地进行人工选种，使蜂王的品质不断得到提高。

3.4.1 人工育王的条件

3.4.1.1 丰富的辅助蜜粉源

自然界中有丰富的辅助蜜粉源植物，蜂群的营养充足，工蜂分泌王浆以及蜂粮也丰富，因此能够培育出优质蜂王。但在主要流蜜期，由于工蜂主要精力是外出采集花蜜，对王台的照料反而较差，蜂王的质量往往不高。

3.4.1.2 强大的群势

人工育王的蜂群应是青年蜂多，群势在六框以上，最好是选用人工造成分蜂热的蜂群。在这种蜂群中育王，接受率高，工蜂积极喂饲王台幼虫，蜂王质量也较好。

3.4.1.3 大量的雄蜂

由于雄蜂和蜂王从卵到出房的天数不同，所以在移虫之前的 20 天，就应该开始培育雄蜂。雄蜂开始出房，才能移虫育王。雄蜂在性成熟之后，能保持 50 天左右的交配时期。

3.4.2 育王用具

3.4.2.1 蜡棒

蜡棒是制作人工台基用的圆形木棒，长 100 毫米。蘸蜡的圆端直径为 6～8 毫米，距离圆端 8 毫米处的直径为 7～9毫米。

3.4.2.2　蜡碗

蜡碗是人工培育蜂王的台基，用纯蜡制成。在制蜡碗前，先把蜡棒放在冷水中浸泡大约 0.5 小时，制蜡碗时，将蜡棒从水中取出甩掉水珠，直立浸入熔化的蜡液中，立即取出，稍待冷却，再浸一下。首先浸入 5 毫米然后每次加深 1 毫米，经 3～4 次形成一个 8 毫米高的蜡碗。然后再放到冷水中浸一下，左手托蜡碗，右手把蜡棒轻轻旋转、抽出即可。

3.4.2.3　移虫针

弹性移虫针（见图 2-8），由移虫舌、塑料管和推虫杆组成。使用时将角质舌片顺巢房壁伸入巢房底。进入幼虫下部，把幼虫带浆托起在舌片端，移入王台基中央，用食指轻压弱弹性推虫杆的上端，便将带浆的幼虫推入王台基底部。松开食指，推虫杆自动复原。也有用鹅毛管或鸡毛管基部削成舌状并磨薄作移虫用。

3.4.2.4　育王框

育王框有窄式和巢脾式育王框二种（图 3-5）。窄式育王框的式样与一般育王框相似，不过窄些。上梁与两旁的边条都是 8 毫米厚、23 毫米宽。中分三段，每段钉上活动木条（育王条）三条，可以翻转，以便放台、取台。木条上钻圆孔各 10 个，可装 10 个台基，全框共可装台基 30 个。这种窄式育王框，工蜂密集，容易保温，王台接受率高。巢脾式育王框多在冬季和早春育王时采用，这种育王框是用普通巢脾改装的，在巢脾中间挖出长 25.5 厘米、高 9 厘米的长方形空间，然后用相等长宽的小型育王架嵌入此空间，架内装 2 条育王条，可以自由转动，每层可育王 10 个。

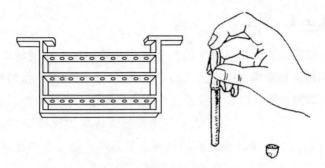

图 3-5　窄式育王框、蜡棒、蜡碗（人工台基）

3.4.3　移虫操作

在移虫前一天晚上，应该及时地对取虫的种用群进行大量奖励喂饲，以增加泌乳量，便于移虫。

移虫前 2 小时，将粘好蜡碗的木条，装在育王框上，让工蜂清理。蜡碗数以 10～20 只为宜。蜡碗间距约 10 毫米。蜡碗清理好后，即可移虫。

移虫操作可在室内，也可在室外进行，但环境要清洁卫生，温度必须在 25～30℃之间，相对湿度在 70％以上。从蜂群内提出清理好蜡碗的育王框，把木条旋转 90 度角，使碗口向上，然后用一根干净的小棒，将少许王浆稀释液或蜜汁蘸在蜡碗的底部，使幼虫容易离开移虫针，又能防止幼虫死亡。然后从种用群中把小幼虫脾提出，将移虫针从幼虫弯曲的背部斜伸到幼虫的底部，把幼虫轻轻挑起，放入蜡碗（图 3-6）。移好一条台基后，即可将育王框插回培育群，然后再移第二条、第三条。

从种用群中移到蜡碗的幼虫，虫龄不得超过 48 小时，最好是 24 小时之内的幼虫。一般采用二次移虫，又叫复式移虫。第一次移虫的虫龄可以稍老些，当王台放在培育群中 24 小时之后，提出育王框除去幼虫，再移入种用群 24 小时之内的小幼虫。

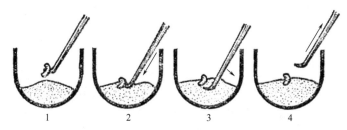

图 3-6　把幼虫移入蜡碗

1～2—幼虫放入蜡碗的王浆上；3～4—移好后，从下边抽出移虫针

3.4.4　培育群的管理

为了得到较高的接受率和优质蜂王，培育群必须有大量青年蜂和子脾，而且处于分蜂热状态或者是无王的。应在插入育王框之前一天把蜂王提出，王台接受之后再放入蜂王。由于中蜂失王后容易发生工蜂产卵，使工蜂骚动不安，影响育王工作，因此采用有王群分区育王比较合适。

3.4.4.1　有王群分区育王

选择具有老蜂王的强群，把蜂王一侧翅膀剪去四分之一，再用一块普通的隔离板或框式隔离板，把蜂王限制在留有 3 个巢脾的产卵区。另一边就组成无王的育王区。

育王区要适当抽去多余的巢脾，紧缩蜂巢，放入 4 个带有粉、蜜的子脾，中间应选 2 个小幼虫多的子脾，使哺育蜂集中。为了避免工蜂偏集到有王区，应该使巢门对着隔离板，让育王区占三分之二的巢门，产卵区占三分之一巢门。次日检查育王区，毁除改造的王台，即可在中央位置加入育王框，准备移虫。每次移虫 10～20 只。隔日进行复式移虫（虫龄较小的）。移虫后要注意保温和进行奖励喂饲。复式移虫的第 5 天，王台封盖后，提出老王，或者把有王区的工蜂和子脾提出放另外一箱饲养，以免发生自然分蜂。如果是交替期的老王，仍可继续保留在巢内，只需及时把产卵区的子脾和育王区空脾互相

149

调换，使蜂群继续发展壮大。等到第一批王台成熟提出后，可以继续培育第二批蜂王。

3.4.4.2 喂饲

培育群必须保证有充足的粉、蜜饲料。在移虫前 2 天到移虫后 5 天，用牛奶加糖水进行奖励喂饲，能使青年蜂分泌高质量的王浆哺育王台中的幼虫。喂饲培育蜂宜采用箱底喂饲器，从巢门送入；不能灌脾或喷脾。

3.4.5 交尾的组织和管理

交尾群是专供诱入王台，新蜂王出台、交尾直到产卵的一种小群。交尾群以半框到 1 框蜂为合适，群内有充足的粉、蜜饲料，并有子脾。交尾群应在诱入王台前一天组织好。

3.4.5.1 诱入王台

移虫十天后，王台成熟，从培育群内提出育王框，用小刀从王台基部取下王台，放入王台诱入圈内，台盖顶住圈的下口，圈的上口用活动铁片封住。然后放入交尾群。若交尾群有两张巢脾，把王台诱入圈放在两张脾的子圈上方。若为一张巢脾，即放在子圈内。处女王出房后一天，即可移开保护圈上口的铁片，让处女王走到巢脾上。

3.4.5.2 采用三区交尾箱

若用一个巢箱供一个交尾群使用，不单限制了交尾群的数量，而且不利于防盗和保温。把一个巢箱隔成两个区或三个区，供 2～3 个交尾群使用，可以增加交尾群的数量，也有利交尾群的管理。

为了增强处女王的认巢能力，避免婚飞回巢时误入别群而被杀死，各交尾箱的巢门前涂上不同颜色的不同形状，各交尾箱的位置和巢门都要互相错开。

3.4.4.3　检查蜂王交尾情况

处女王出房后到交尾成功，一般需要5～7天。在正常天气情况下，10天内都应产卵。因此在出房后10天，应检查交尾群；若蜂王已产卵，说明这个蜂王至此已培育成功。可把蜂王提出，又一次诱入成熟的王台，把这小群再作交尾使用。如果要把交尾群作为单独的新群，则不提出蜂王，并补充封盖子脾，以扩大群势。若处女王还未交尾，最好除去，重新诱入成熟的王台。如果是失王，应把急造王台毁弃，诱入一个成熟的王台。

3.4.4.4　挑选优质蜂王

蜂王的好坏对蜂群的繁殖及生产能力有很大影响，而蜂王的好坏又与种群的品质、育王方法及王台的大小有关。用人工育王或利用自然分蜂王台育成的蜂王，必须严格挑选，选优去劣，才能保证蜂场的蜂群生产能力不断提高。挑选蜂王，首先从王台开始，先选用王台粗壮、正直，长17～19毫米。其次，要注意优质处女王是移虫后13天出房，出房后，台底部有余浆；许少玉、肖洪良等（1983）通过102个王台的测定得出中蜂处女王初生重为176.6毫克，王台深度（15.4±0.9）毫米，口径（5.53±0.11）毫米，一侧卵小管数（107.96±5.11）条。对蜂王的初生重与卵小管数，及王台容积的相关系数计算得出：初生重与卵小管数的相关系数为0.919，具有明显的线性关系；与王台容积的相关系数为0.707，也密切相关。

优质处女王身体健壮，胸部宽　出房后5～8天交尾，交尾后2～4天产卵；产卵新王腹部长，在巢脾上爬行稳慢，体表绒毛鲜润，产卵整齐并且连成一片。对那些体质弱小，产卵空房率高的蜂王，应及早淘汰。蜂群在失王情况下产生的急造王台，是一种不正常的应急状态下产生的，出房的蜂王体质弱，品质低劣。一个蜂场若经常使用急造王台，会引起全场生产能力退化，必须严格禁止使用。

3.5 活框饲养的饲养管理

3.5.1 流蜜期管理

中蜂群生产蜂蜜有两种方式，一种是大流蜜期取蜜，另一种是分散蜜源时期取蜜。

3.5.1.1 大流蜜期取蜜

油菜、荔枝、乌柏、八叶五茄、野坝子等流蜜期为大流蜜期，花期集中，时间短，一般是 15～30 天。这种流蜜期必须组成强群夺蜜。采蜜群一般应 6 框以上，以老王为主，由老王组成的蜂群可以减少哺育的压力。当巢脾上方都有封盖蜜脾时开始第一次取蜜，第一次全部取完不留蜜脾。为了保证蜂蜜的质量，每次都应等到巢脾上方大部分封盖后才采蜜。相隔 4～5 天才能取一次蜜，切勿勤采蜜。流蜜后期取蜜，不能全部取完。应留有蜜脾在群内。

3.5.1.2 分散蜜源时期

春季山花或者高山地带的夏秋山花，没有主要流蜜期，但分散蜜源丰富不断，延续时间很长，这种蜜源采用抽蜜取脾的办法。每次取蜜相隔 7～10 天，每群只取 1/2 至 2/3 的蜜脾，在这种蜜源时期不需要组织采蜜群，但要保持强群，及时淘汰产卵不佳的老蜂王，控制分蜂热的产生。分散蜜源期取蜜是中蜂一种特有的管理措施。

3.5.2 短途转地放养管理

中蜂不适宜长途转地饲养，但为了获得好的效益，可在汽车当天能到达的短途转地放养。此外，为了逃避盗蜂而重选场

地等，都需要进行转地。中蜂在转地过程中大部分工蜂离开子
脾，因此中蜂场转地放养只宜在 400 千米范围内，以及 24 小
时汽车能达到的场地。

3.5.2.1　转地前的准备

转地前，必须对新场地的蜜源、气候、蜂群陈列的地方进
行详细的调查落实。在选择了适宜放蜂的场地、掌握了蜜源泌
蜜的情况后，根据路途的长短、运输工具和启程日期，对蜂群
进行必要的调整。炎热的天气运输时，标准箱内不可超过六框
蜂。运输的前一天，必须把蜂群的巢脾，用木卡在每个巢框的
两端卡牢、挤紧，箱内空余地方可用空巢框塞满，把隔板靠到
蜂箱侧壁上。巢脾固定后，在摇动蜂箱时，巢脾就不致晃动。
卡脾时，动作要轻巧，速度要快，以免引起盗蜂。傍晚工蜂收
工后，将巢门关紧。

3.5.2.2　转地途中的管理

运蜂的时间，最好在晚上或清晨。装车时将所有的纱窗都
打开，巢脾的方向要与车辆前进的方向平行，这样可以避免车
辆震动时木卡松落，以致巢脾挤在一起，压死蜜蜂。汽车、拖
拉机、马车运蜂时，中途最好不要休息，一次到达。白天行车
需要休息时，车辆应停在有遮荫的地方，不能让太阳曝晒，否
则会造成蜜蜂闷死、巢脾崩毁的后果。

3.5.2.3　到过新场地的管理

蜂群转地到新场地后，采用分散分组排列的方法，安放蜂
箱。以 3～5 群为一组，每组相距不能少于 3 米。组内各箱的
巢门方向应互不一致，每组最好利用一些自然景物作为标志，
以便工蜂识别。此外，应注意以下一些管理措施。

（1）分批打开巢门　蜂群分散安放到位置之后，不能立刻
打开巢门，宜停放半小时后，让蜜蜂安静片刻再开。如果个别

蜂群仍然静不下来，可以从纱窗喷入冷水，促使蜜蜂安静下来。然后关好纱窗，再开巢门。开巢门应间隔和分批地进行，不能全场一起打开，以免蜜蜂同时出巢，造成混乱。

(2) 注意蜂群飞逃　有些蜂群由于受到转地时的震动，开巢门后立即飞逃。这时应注意观察，若出现飞逃预兆时，重新关好巢门，等到晚上再开巢门。

(3) 检查处理不正常现象　蜂群到达新场地后的第三天，就应拆除包装，并作一次检查。如发现坠脾、压死蜂王等不正常现象，立即处理。检查及处理最好在黄昏时进行。

(4) 若打开巢门后出现飞逃的蜂群应重新关闭全场巢门，待晚上再开巢门。

(5) 蜂群到新地址 24 小时之后，蜂群已安定，再开箱松卡，抽出多余空框、空脾。检查蜂群，如发现坠脾、失王应及时处理。

3.5.3　四季管理

3.5.3.1　春季管理

我国各地气温差异很大，很难具体确定开始春季管理的日期，但养蜂员可根据本地区第一个主要蜜源植物开花的日期来计算，一般提前 75 天（2 个半月）开始春季管理。如广州，春季主要蜜源是荔枝，开花期在 4 月中旬左右，那么 2 月初就开始春季管理。主要蜜源开花期较迟的地区，开始春季管理的日期也应相对推迟。

(1) 早春检查　当白天最高温度达到 10℃以上，平均气温在 5℃左右，便应该开始进行早春检查，以便及时了解蜂群越冬后的情况，给蜂群发展创造有利条件。早春检查应查明群势强弱、蜂王产卵情况、存蜜状况、巢脾状况。检查后，针对蜂群不同情况采取不同的管理措施。

① 群势不强，即组织双王同箱饲养。

② 巢内缺蜜,即补给蜜脾,或进行补助喂饲。

③ 巢脾如已形成的穿洞,可用小刀修整,让蜜蜂造下接脾。

④ 巢脾过多,即抽出存放,使蜂多于脾。

⑤ 失王的蜂群,立即合并。

⑥ 用起刮刀清除出箱底的蜡渣。

⑦ 保温物及时翻晒。

检查的动作要轻快,时间要短,抽出的巢脾应立即保存好,不要把巢脾放置在箱外。早春检查宜在中午进行。

(2)组织双王群 较弱的蜂群,可把它们组成双王群同箱饲养,这是增高巢温、加速恢复和发展群势的一种有效措施。具体做法:把相邻的两群,提到一个蜂箱内,用隔堵板隔开(不许工蜂互相通过)。两群的子脾、产卵空脾靠近中间的隔板,蜜脾放在最外边,巢门开在蜂箱的两边。双王群保温好,繁殖快,又省饲料。如果双王群是强弱搭配,可以互相调整子脾(图3-7)。

(3)加强保温 春季气温低,外界气温变化大,而蜂群培育蜂儿需要 $34 \sim 35℃$ 稳定的巢内温度。如果保温不好,子圈就不易扩大,幼虫也常被冻死。工蜂为了维持育虫的温度,就要消耗大量的饲料和增加机械活动,这样就容易造成饲料不足和工蜂早期衰老死亡,形成蜂群的春衰。所以春季保温是十分重要的工作。具体做法如下。

① 调节巢门:巢门是蜂箱内气体交换的主要通道,随着气温的变化,及时调节巢门的大小(如:温度高时适当放大巢门,天冷和夜间缩小巢门),对蜂群的保温能起很大的作用。

② 紧缩巢脾:从第一次检查开始,抽去多余空脾,做到蜂多于脾,并把蜂路缩小到 $7 \sim 8$ 毫米。这样做的好处有:脾数少,蜂王产卵比较集中;子脾密集,便于保温;在天气剧变时能防止子脾冻坏,幼虫能得到充足的哺育,新蜂体质健康。

③ 箱内保温:巢框上加盖透明塑料膜,塑料膜延盖到

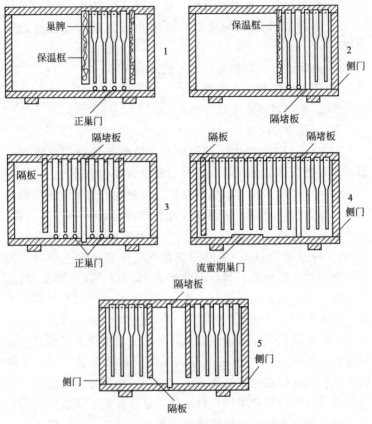

图 3-7 双王同箱饲养示意图

1—早春,原群的两边用保温框保温;2—人工分蜂,
分出群开侧巢门;3—双王繁殖;4—单王取蜜,侧面组
织小繁殖群;5—流蜜后期,双王同箱饲养,各开正侧巢门

隔板。

④ 箱外保温:是将蜂箱箱底垫上 10～15 厘米厚的干草,蜂箱后面和两侧也用同样厚的干草,均匀地包扎严实。箱盖上面盖上草帘。夜晚用草帘把蜂箱前面堵上,早晨除去。中蜂以单箱包装为好,可防迷巢和盗蜂。

(4) 及时喂饲 早春野外蜜粉源比较缺乏,在管理上应及时针对蜂群的饲料状况给以喂饲。

① 喂蜜：对缺蜜严重的蜂群，应以大量高浓度的蜜水或糖浆进行补助喂饲。补助喂饲应在傍晚进行，几天内喂足。若群内存蜜充足，为了促使蜂王产卵，刺激蜂群育儿，可进行奖励喂饲。具体办法是：用 50％ 左右浓度的蜜水或糖水，每晚或隔晚喂一次，每次用量不超过 150 毫升。当寒流侵袭、天气阴冷时宜停止喂饲，以免刺激工蜂出巢飞行。奖励喂饲要全场每群蜂都进行，否则容易引起盗蜂。

② 喂水、喂盐：早春外界气温低，工蜂采水常会造成大量死亡。因此应给蜂群喂水。喂水的方法：可根据蜂场蜂群数量，采用公共饮水器或从巢门喂水。巢门喂水一般是在每群蜂的巢门旁边放一个小瓶或小竹筒，里面盛水，用一根棉布或脱脂棉条，一端放入水中，另一端放入巢门内。蜜蜂不出巢门即可饮水。公共饮水器喂水，是用容器如木盆、瓷盆盛水，水上面放些干草、细木棍供蜂停落；为了引导蜜蜂采水，最初可加少许蜂蜜或白糖。应保持长时期喂水，中途不得间断，并注意保持水的清洁。

③ 喂花粉：春季育儿需要大量花粉，因此在长期阴雨的天气，难以采回花粉时，应给蜂群补充蛋白质饲料，如黄豆粉、奶粉等。把这些代用品与蜜混合制成糕状，放在框梁上，让蜜蜂随时采食。

（5）扩大产卵圈 在春季，不能用取蜜的方法扩大产卵圈。如果产卵圈偏于巢脾一端，或受到封盖蜜限制时，而工蜂的数量可以布满全脾，气候也良好时，可将巢脾前后调头。一般应先调中间的子脾，后调两边的子脾。如果中间子脾的面积大，两边子脾小，则可将两边的调入中央，待子脾面积布满全框，可将空脾依次加在产卵圈外侧与边脾之间。如果产卵圈受到封盖蜜包围，应逐步由里向外，分几次割开蜜盖。若产卵圈不受限制时，不必割开蜜盖。

（6）人工育王、人工分群 在主要春季蜜源到来的 1 个月前就应人工育王。选择场内群势强，有 4 框蜂以上的蜂群作育王群。人工育王的王台被接受后 10 天左右就应进行人工分群。春季采用平均分群方法较合适。如果原群较弱，外界气温较低，可以在原群的箱内，中间加隔堵板，分出群在隔堵板另一侧，并开侧巢门，处女王交尾成功后，进行双王同箱饲养。及时人工分群可以控制分蜂热的产生。

(7) 加础造脾 处女王交尾成功后，立即加础造脾；一般用 2/3 的础片供中蜂群造脾较好，若用 1/3 巢础造脾，工蜂下接成整脾时间太长，也会造成巢房中雄蜂房过多。原群中已出现赘脾或工蜂较密集时也应加础造脾。蜂群造脾时应进行奖励饲喂，适当保暖有助于快速造脾。

(8) 组织采蜜群夺取春蜜丰收 当春季主要蜜源植物开花前 2～3 天，就应组织采蜜群。采蜜群以老王群为基础，把新王群的青年工蜂合并过去，抽出采蜜群中小幼虫脾到新王群，把新王群中半蜜脾补充到采蜜群中。

流蜜期采蜜群的蜂路扩大到 12 毫米左右，除去框梁上的塑料薄膜，扩大巢门。初花期就应摇蜜，若 2～3 天内天气晴朗，第 1 次可以把群内贮蜜全部摇完。如果遇到连续阴雨天，应加础造脾。

为了使生产的蜂蜜的浓度达到标准，巢脾上封盖蜜超过50％以上才能摇蜜。

(9) 缩小群势，保持繁殖 春季主要蜜源结束后，大部分中蜂群应转入半山区准备采集 6 月中旬的山乌桕花和其他山花蜜源。在夏蜜到来前一个多月，不需奖励饲喂，利用山区零星蜜粉源就可以繁殖，将场内每群蜂的群势适当密集，保持蜂群正常繁殖。这时常有胡蜂危害，应注意驱杀胡蜂。此外，应注意保持箱底清洁，防止巢虫危害。

以上是春季管理与繁殖的基本操作程序。有些地区春季没有主要蜜粉源，蜂群繁殖速度可以放慢。

黄河以北山区，春季缺主要蜜源，而 4 月底 5 月初开花的刺槐花由于刺槐花的花筒大长，中蜂群只能在后期采集一些花蜜，满足群内需要，无法生产蜂蜜。五月上旬花椒开花，中蜂群能充分利用，在蜜源丰富的地方可以收到一些蜜，但一般收获不高，因此在华北地区中蜂群管理的主要目的是夺取 7 月份荆条花期的丰收。

3.5.3.2　夏季管理

6～8 月份是我国南北最热的季节而且蜜粉源缺少（除了云南以外），这三个月的管理称夏季管理，又叫越夏管理。

(1) 夺取夏蜜丰收　长江流域及华南各地包括海南岛，6 月上旬～中旬主要蜜源是山乌桕花期。山乌桕花期天气较好，一般都能获得收成，但蜜质较稀，不宜勤摇。应待群内多数巢脾都有封盖蜜脾时才取蜜，后期留 1 张半蜜脾供蜂群度夏，并大量抽去多余巢脾，使大部分蜂群留 3～4 张脾，适当密集群势，加宽蜂路。后期常出现盗蜂，因此应可能白天不检查蜂群，主要进行箱外观察。

(2) 遮荫防晒　搭遮荫棚，移蜂箱到树荫下等方法使蜂箱避免日晒，同时垫高箱底使口通风。

(3) 驱、杀胡蜂　胡蜂是夏季蜂群主要敌害，经常在巢门前飞蹿，捕捉外出工蜂，影响蜂群采水、扇风等降温活动，因此养蜂员要经常在场内巡回，驱杀来犯的胡蜂。

(4) 及时控制飞逃　夏日容易发生飞逃，特别是在半山区的蜂场。海南的中蜂场夏季常出现 50% 的蜂群飞逃。蜂场中出现飞逃之后立刻关闭飞逃群巢门，收捕飞逃蜂团，傍晚再对飞逃群开箱检查，找出飞逃原因并及时纠正。切勿引发集体飞逃，若发生了就会造成严重损失。

(5) 黄河以北地区 7 月份有荆条蜜源，在荆条开花前一个月，主要管理措施是控制分蜂热的产生。如果发现群内已出现具卵王台，群势超过八框以上，对这种蜂群采用人工分群，一分为二。新群可诱入人工王台，并加础造脾，即可解除分蜂热。若在流蜜初期出现分蜂热的蜂群，即采取把全部工蜂抖落在巢门外，让青年工蜂飞翔片刻，然后回巢，并用一木板搭在巢门与地之间，使幼蜂能爬回巢内。在抖蜂之前先找到蜂王，并放在诱入器中，待工蜂回巢外傍晚放开蜂王。具分蜂热的蜂群经抖落处理后，又是采蜜繁忙时刻，一般都能解除分蜂热，投入到采蜜活动中去。荆条后期应留1～2张未封盖蜜脾在群内，以供7月下旬到8月中旬缺蜜粉时的饲料。

3.5.3.3 秋季管理

一般而言，9～11月属于秋季，但按气温来考虑南方的秋季可延长到12月中旬，而黄河以北，秋末入冬在大致11月底。秋季是长江流域及华南的中蜂收获季节。中蜂生产的几种特种蜂蜜，如野桂花蜜、八叶五茄蜜（鸭脚木）、野坝子蜜（皱叶香薷）等，都在秋季生产，此外还有许多山花也在秋季流蜜，因此秋季管理的好坏关系到南方中蜂生产区的主要经济收益。

(1) 奖励饲喂 9月初，气温开始下降，野外有零星蜜源植物，这时适当奖励饲喂，可以促进蜂王产卵，增加工蜂出勤，但不必补充花粉。

(2) 淘汰老王 对度夏之后产卵少的老蜂王进行淘汰，以利秋季培育工蜂采秋蜜，所以要进行人工育王，培育少量新蜂王以替换老王，但切勿如早春一样大量进行人工分群。广东、海南、云南南部的蜂群有第二次产生分蜂热的现象，及时对已发生分蜂热的蜂群进行人工分群，控制自然分蜂的发生。流蜜期开始，蜂群应保持采蜜与繁育并重，由于秋季气温容易骤变，因此每次采蜜都应在群内留一张半封盖蜜脾。流蜜后期，提出多余巢脾，达到蜂多于脾，少开箱，以防盗蜂发生。黄河以北及西北地区的中蜂群，在10月上旬应开始过冬饲喂，每群至少有10千克以上存蜜过冬。

3.5.3.4 冬季管理

海南、广东、广西南部、云南南部 12 月份之后，野外还有一些蜜粉源植物，因此这些地区的冬季没有特别的管理措施，蜂群按照早春一样管理。长江流域各省冬季气温可达零度以下，这些地区的蜂群应喂足饲料，不进行外包装以减少蜂王产卵，以致停卵。蜂箱避免受太阳照射，防止工蜂出外采集，以保持蜂群不受干扰。

黄河流域及华北，东北，西北的蜂群，在寒冷的冬季，结成蜂团过冬，必须采取一系列冬季管理措施。

(1) 喂足蜂群　10 月中旬后应加大饲喂，使每群蜂应存蜜或糖 10～15 千克，饲喂前调整好巢脾，子脾在中心；空脾在边，饲喂过程中不宜再移动巢脾，让工蜂用蜡在巢脾间连结，堵塞蜂箱中的缝隙。

(2) 内包装　饲喂后期用盖布盖在巢脾上，外加一块塑料薄膜，塑料薄膜应连同隔离板一齐包在内面。

(3) 外包装　中蜂群宜单群外包装。单群包装过冬，春季工蜂不会偏飞到别群引起发生盗蜂。如果需要并列包装，应把箱距放宽，两箱之间至少 30 厘米。包装物主要是稻草或麦秆，先垫箱底，后把草帘包裹蜂箱只留巢门一面，用绳捆好，上部用石压上。

(4) 缩小巢门　把巢门缩小一方面可减少冷风吹入，另一方面防止小老鼠窜入破坏蜂巢。但不能堵死巢门。入冬后蜂群结成冬团越冬，这时不许撞敲蜂箱，注意下雪之后除去箱上及巢门前积雪。

翌年二月气温已回升到零度以上，在风和日暖的日子，会有许多工蜂外出排泄，养蜂员要及时检查箱内存蜜，若发现缺乏饲料，宜上午 10 点之后补救饲喂，切勿听之任之。许多中蜂群往往顺利过冬后，饿死在春天快来临的日子，这种死亡是养蜂员不注意群内饲料状况所造成的。

3.6 产品生产技术

中华蜜蜂的直接产品是蜂蜜、花粉、蜂蜡、蜂毒、王浆及蜂子（幼虫及蛹）。但当前进入市场流通的产品只有前4种，后两种还处于开发阶段。

3.6.1 分离蜜生产

3.6.1.1 取蜜技术

（1）取蜜时间 取蜜要尽量避开工蜂出外采集的繁忙时刻，最好选择在工蜂大量飞出采集之前。当边脾大部分的蜜房都封盖和子脾的上部蜜房也大部分封盖时，便可取蜜。

（2）摇蜜 摇蜜的场所要选择清洁明亮的小房间。这样，既能防止盗蜂的干扰，又能保持蜂蜜的洁净。在流蜜盛期，为了加快摇蜜进程，必须在室外摇蜜时，要严格注意苍蝇、脏物等污染蜂蜜。

抽出蜜脾后，用割蜜刀由下而上割除蜜盖。割好了的蜜脾，随手放入摇蜜机的框笼里；两框摇蜜机每次可放两脾，两脾的重量以大致相等为宜。摇蜜时，先慢慢摇，再逐渐均匀地增加转动速度，在高速中旋转不能超过1分钟。停止以前，逐渐地降低速度，以避免巢脾断裂和摇出幼虫。蜜脾第一面摇尽后，抽出换面后再放入框笼里，摇第二面。

摇蜜时最好三人协作：一人抖蜂还脾，一人运脾和切除蜜盖，一人摇蜜。这样能加快摇蜜过程。

摇出的蜂蜜应用双层滤蜜器或铁纱网滤过，6～7天后，若蜂蜜中的碎蜡或死幼虫浮在表面，应予捞去。盛蜜器皿最好用水缸、木桶。如用白铁桶，里面要用无毒塑料袋衬包。出售时应标明花种、时期、地点等。

中蜂的生产群，贮蜜区和育子区一般都没分开。从育子区中的巢脾取蜜，脾上的巢房中往往有蜜蜂的卵虫蛹。为了减少对蜜蜂卵虫蛹发育的影响，从育子区脱蜂提出的巢脾都应立即分离蜂蜜，并于取蜜后迅速将巢脾放回原群。在取蜜过程中，要避免碰坏脾面，损伤蜂子。分离子脾上的蜂蜜，分蜜机摇转速度还应适当再放慢一些，以防幼虫被甩出或使幼虫移位造成伤子。

3.6.1.2　主要蜂蜜品种

中蜂产蜜的品种除单花种蜜外，杂花蜜占很大比例。此外还生产一些有一定理疗作用的药用植物蜜。

(1) 4～5 月生产的蜂蜜统称春蜜。

① 荔枝蜜：浅琥珀色，具清香味，但普遍含水量过高，不易保存。须浓缩后才能进入市场，优质荔枝蜜是上等蜜。主要产区在福建、广东、广西、海南。

② 油菜花蜜：琥珀色，易结晶，无香味，在油菜地多的地方能收获油菜花蜜。

③ 春山花杂蜜：由春季开花植物的花蜜酿造而成的杂花种蜜。有些年份及地方会采到以单一植物为主的单花蜜。这时应根据当时的开花植物确定蜜种，北京山区以花椒蜜源为主。春山花杂蜜产量很高，是南方山区农民的主要食用蜜种，颜色为琥珀色至深琥珀色，易结晶，无香味，产于长江流域各省山区。

(2) 6～8 月生产的蜜统称为夏蜜。

① 山乌桕蜜：由山乌桕或乌桕花蜜酿造而成，琥珀色或深琥珀色，易结晶，无香味，蜜质较差。主要产地在广东、福建、湖南、贵州、重庆。

② 荷枫蜜：由木荷枫的花蜜酿造而成，深琥珀色，无香味，但有一定的药理作用，缓解头痛、关节痛。主要产地在江西北部。

③ 荆条蜜：在黄河以北山区，6～7 月主要是荆条蜜源。

除荆条蜜源外，还有许多蜜源植物开花，如楸树、椿树等，但数量不多。

④ 有毒蜂蜜：夏季有毒蜜源植物开花较多，有时能采集到单一的毒蜜（如雷公藤蜜）。雷公藤蜜食用后，有苦涩味，有毒性。严重的中毒症状表现为：剧烈腹痛，上吐下泻，胸闷气短，血压下降，休克，心脏衰竭而致死。经测定引起中毒的物质是雷公藤酮、雷公藤碱等。据测定，雷公藤蜜久放后毒性减弱，苦涩味也减轻。食用前用少许放在鱼缸中，或者喂猪、狗，如果这些动物食用后无反应，说明毒性已减弱。图3-8为雷公藤和钩吻的花粉形态。

有毒蜂蜜的鉴别方法：目前比较有效的方法是花粉鉴别法，从野外取雷公藤属植物的花粉，加水离心后取少许放在载玻片上整体封片，作为对照。

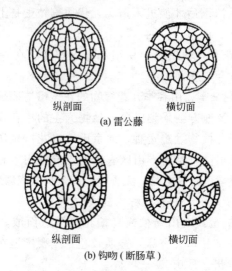

纵剖面 　　　　　横切面
(a) 雷公藤

纵剖面 　　　　　横切面
(b) 钩吻（断肠草）

图 3-8　有毒蜜源花粉形态

(3) 秋、冬之交的蜂蜜统称为冬蜜。

① 野桂花蜜：由柃属的花蜜酿造而成，浅琥珀色，具清香味，结晶细腻，结晶后呈水白色，被称为"蜜中王"，无污

染，深受国内外客商喜爱，主要产地在江西、湖南。

② 鸭脚木蜜：由八叶五加的花蜜酿造而成，水白色，结晶细腻，味微苦，具特殊清香。鸭脚木蜜在东南亚各国很受喜爱，主要产地在福建南部、广东。

③ 野坝子蜜：由野坝子花蜜酿造而成，水白色，易结晶，结晶较粗，结晶后凝成块状，具特殊清香。主要产地在云南、贵州，出口东南亚。云南永胜县出产的"永胜硬蜜"畅销香港、澳门等。

④ 枇杷蜜：由枇杷花蜜酿造而成。浅琥珀色，味芳香，一般不结晶，系优质蜜。主要产地在海南、广东、浙江，产量较少。

⑤ 秋山花杂蜜：由秋季各种杂花花蜜酿造而成。琥珀色，易结晶，没有清香气味。主要产地在云南、贵州、湖南、湖北、四川、陕西南部等。

3.6.2　巢蜜生产

巢蜜是一种具蜂巢的蜜种，保有天然特色，深受消费者喜爱，在西方蜜蜂中早已生产。但由于西方蜜蜂的巢蜜内蜂胶气味太浓，影响市场消费。中蜂巢蜡纯白，无味，能生产出质量好，气味纯正的巢蜜。我国 20 世纪 60 年代初在广东惠州曾生产中蜂巢蜜，但因无法清除潜伏在巢蜜中的巢虫卵，使其无法出售而停止生产。但笔者认为生产巢蜜是浓缩中蜂蜂蜜和增加中蜂产值的有效途径。

3.6.2.1　工具

① 巢蜜格：用薄木板或无毒塑料制作而成的框格，多数是用无蜂路方框格。通常使用 9.0 厘米×7.0 厘米×2.5 厘米大小的框格（图 3-9）。

② 装格巢框：把巢框在距离上梁 7.2 厘米处钉一个与上梁平行的 1 厘米×0.6 厘米的木条作中梁，中梁上安装巢蜜格。

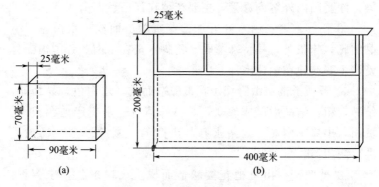

图 3-9　中蜂巢蜜生产设置

（a）巢蜜格；（b）巢蜜格在巢框上安装的位置

③ 箱底饲喂器：用薄木板或塑料制成 25 厘米×28 厘米×2.5 厘米的浅饲喂器，在加工过程中用以盛原料蜜。

3.6.2.2　加工程序

① 造基础脾：将巢础安装在巢框中让蜂群先在其中造成浅巢脾后，在按巢脾框大小切开安装到巢蜜格内。

② 把波美浓度 37～38 度的蜂蜜，盛放在箱底饲喂器饲喂生产巢蜜的蜂群，直至到巢蜜封盖为止。

③ 巢蜜开始封盖时，改喂加少量醋酸的蜂蜜（按每千克蜂蜜加 0.5 克醋酸），使巢蜜封盖面结白加固。

④ 将封盖好的巢蜜装入巢蜜盒，封闭后放入钴放射源放射消毒，杀死其中的巢虫卵。使用钴的放射量需经过试验后确定放射强度，以能杀死巢虫卵为准。

⑤ 消毒好的巢蜜贴上商标后即可出售。如果出售单位有冰箱，以保存在冰箱冷藏室为好。

荔枝蜜、山乌桕蜜、春山花蜜都适合再加工成巢蜜出售。

3.6.3　生产王浆

可在人工育王技术的基础上进行王浆生产。

3.6.3.1 产浆群的选择

产浆群的群势超过 5 框以上，群内子脾多，蜜粉贮存充足，群内有大量青年工蜂的蜂群。

3.6.3.2 移虫的虫龄

方文富研究得出：用 2 日龄幼虫产浆接受率高达 87.73％，而 1 日龄幼虫只有 68.75％。这两日龄的幼虫浆量无显著差异。

3.6.3.3 操作程序

移虫前 1 天，须将产浆群的蜂王隔开，如果是使用长卧式蜂箱，可将蜂王隔在蜂箱另一头，不必另开巢门。如果产浆群已开始建造分蜂王台，那么移虫后第三天可以将原蜂王放回，利用有王群生产王浆。如果外界蜜粉源较差，天气较冷，产浆群内未产生分蜂热，即必须无王群产浆。每次移虫 50～60 个，接受率提高后可增加到 80 个产浆台。

3.6.3.4 收浆时间

(1) 取浆时间 一般移虫后 60～65 小时取浆。陈松年（1982）提出移虫 65 小时以后取浆最佳，方文富（1994）提出 66～78 小时取浆台平均产浆量最多。具体时间应视王台内王浆量与幼虫体积之比，王浆量超过幼虫时就可以取浆。

(2) 连续生产王浆时间 通常产浆群取 2 次王浆后，应补充幼虫脾到产浆群内以抑制工蜂产卵。如果到产浆群内幼虫脾少，可将原蜂王放回产卵一周之后，再继续生产王浆，不然产浆群会产发生工蜂产卵。

3.6.3.5 中蜂群的产浆量及市场价值

作者曾统计生产中蜂王台的产浆量一般只有平常意蜂的

1/3。陈松年统计 10 个王台可取 1 克王浆。中蜂王台的王浆黏稠，微黄色。由于中蜂单个王台产浆量只有意蜂的 1/3，而产浆群又不能连续长期生产王浆，因此中蜂单群产浆量很少，只及意蜂产浆的十分之一。而市场上中蜂王浆的价格只能略高意蜂王浆，因此使用中蜂生产王浆就失去商业意义。所以在中蜂饲养过程中基本上不生产王浆。然而中蜂的王浆含水量比意蜂低，癸烯酸含量高于意蜂，是一种优质王浆。如果提高中蜂产浆能力，合理的市场价格，中蜂可以生产王浆产品。

3.6.4　生产花粉

外界有丰富的蜜粉源，群内有三张卵、子脾，群势在四框以上的蜂群，便可以生产花粉。

3.6.4.1　安装封闭巢门脱粉器

将蜂箱的巢门板取下，安装封闭巢门脱粉器，脱粉孔孔径中华蜜蜂为 4.2～4.5 毫米，阿坝蜜蜂 4.5～4.7 毫米。目前市场上出售的脱粉器孔孔径是 5.0～5.1 毫米只适合意蜂，因此购买时要注意孔径的大小。使用平板的巢门脱粉器，虽然孔径合适，但带花粉团的工蜂常常胸部进入后腹部无法再进入，悬挂在脱粉板上，头在孔内，后足的花粉团在孔外，花粉团不脱落。带粉工蜂把脱粉孔堵塞，使其他工蜂无法进入巢内。不久蜂箱前积累许多采集蜂，影响蜂群正常采集活动，迫使养蜂员取下脱粉器，停止收集花粉。而这种现象在意蜂中不会出现，其原因是中蜂采花粉工蜂向内钻的力量小，无法使后足花粉蓝上的花粉团脱落。作者在两排脱粉孔中间，加垫一个小木条，木条高 2 毫米，以供采花工蜂的后足蹬上，加大向内冲力使花粉团脱落。经试验，这种方法能使大部分工蜂脱落后足的花粉团后进入巢内。保持蜂群正常的采集活动。

3.6.4.2　花粉的收集及贮存

每隔 2～3 天须将收集盒中的花粉收集，置于多层的花粉盘中烘干，或用远红外花粉干燥箱中干燥，使花粉的含水量降低至 8% 以下，才能装入封闭严密的容器或双层塑料袋中保存。

3.6.4.3　管理要点

早春流蜜期、度夏时间不宜安装脱粉器生产花粉，自然分蜂群分蜂后的原群及分出群都不宜生产花粉。

3.6.5　蜂蜡生产

蜂蜡是中蜂群生产的产品之一，生产蜂蜡需注意以下几个问题。

3.6.5.1　及时清除旧巢脾

中蜂越冬及度夏之后都有许多旧巢，这些旧巢再使用不利于幼虫的哺育。据余林生（1997）测定工蜂巢房直径：新巢脾 4.65 毫米，培育 1～2 次幼虫后，直径为 4.61 毫米，培育 5 次以上幼虫的巢脾，工蜂房的直径只有 4.46 毫米。而工蜂初生重从平均 85.49 毫克下降到 77.45 毫克，下降 10% 以上。旧巢脾除了使幼虫初生重下降外，遗留在巢房内的茧衣又是巢虫主要食物，很容易引起巢虫危害。因此养蜂员要及时清除化蜡，紧缩巢脾，加新础造脾。

3.6.5.2　采蜡巢框

用普通巢框改制，拆下上梁在侧条 1/4 处钉一横木条，两侧条顶端钉上铁皮框耳，放好上梁，上部粘 5～10 毫米巢础条，用于采蜡，下部仍装巢础，让工蜂筑巢，产卵。等上面部分造好巢脾，即割去化蜡，再让工蜂继续造脾。装采蜡巢框只宜在蜜粉源丰富的春、夏之交进行，蜜源缺乏时不能生产。

3.6.5.3 收集蜂场中的零星碎脾

每次检查蜂群刮下的赘脾，老巢脾蜡屑及时收集，放入化蜡器中化蜡。

3.6.5.4 化蜡

室外化蜡只能在晚上进行，白天进行会引诱工蜂，而使大量工蜂死在煮脾锅内。煮脾时，先用猛火，水开后用文火。煮脾的锅内，必须先放入水，一般先放半锅水，然后再放巢脾，待巢脾全部溶化后，用铁钳把断铁丝全部夹出后再用铁勺，连水带渣盛入麻袋，绑紧麻袋口，放入榨蜡器内压榨（图3-10）。

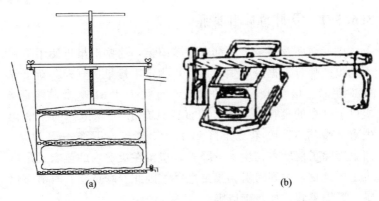

(a)   (b)

图 3-10 榨蜡器及采蜡框

(a) 木制；(b) 螺旋

(1) 木榨蜡器是一个硬木制的箱体，内有一块厚木盖，木盖的外周比箱的内围尺寸小10～15毫米，在木盖上压厚方木或石块，最后用人在长木柱一端压下，榨出的水和溶蜡，从榨蜡器的底板上的出口流入盛器中。

（2）螺旋榨蜡器：煮沸的蜡原料趁热装入麻袋，放入榨蜡桶内，依靠上压板，旋动螺旋杆将水和熔蜡榨出流入容器中。这种榨蜡器榨蜡干净，而且可以浇入热水保持温度，出蜡孔与外孔分开，蜂蜡提出率较高，可达 80％左右。盛器内先放少量凉水，热的溶蜡水到盛器后，逐渐冷却，蜡浮在上面，渣沉在下面。冷却后，用手把上面的蜡捞起，捏成团。下面的渣和麻袋内的渣，可再放入锅内化蜡。

（3）捏成团的蜡，再放入干净的铝锅中加水溶化，然后倒入盛有少量凉水的面盆内，蜡没有凝结之前放入一条麻线，凝结后提麻线，纯的蜡饼便提出来了。这种蜡饼可以长期保存，不会变质和受虫害。及时化脾取蜡，可以提高蜂蜡生产量。

3.6.6　生产蜂毒

蜂毒是中蜂群的主要产品之一，生产蜂毒技术要点如下。

3.6.6.1　封闭隔离式蜂毒采集器

市场上有各种电取蜂毒的采集器，作者在使用中发现在中蜂群巢门前或者副盖中采集蜂毒都会引起工蜂结集在电网上，而且影响蜂群活动。采用封闭隔离式蜂毒采集器，由于生产蜂毒的工蜂离开原群，放毒后再放回原群，可以避免这种现象，不会影响蜂群的采集活动。

采集器由电源控制盒、电网箱、抖蜂漏斗和贮蜂笼四个部分组成。电源分直流、交流两用，输出电压分别为 24 伏、28 伏、32 伏和 36 伏四个档位。电网箱为四面和底面共 5 片电网，电网是暴露的细黄铜丝，电网下置 5 片承毒玻璃板。工蜂受低压电刺激后，把蜂毒排在承毒玻璃板上。

3.6.6.2　取毒蜂群的管理

取毒蜂群应是采集蜂多，群势在 4 框以上的蜂群。缺粉蜜的蜂群和正在分蜂热的蜂群不宜取毒。取毒生产宜在分蜂后期或采蜜后期进行，这时取毒对蜂群影响比较小。工蜂排毒前如果腹部蜜囊中存蜜太饱满，应在贮蜂笼中放置 5～6 小时后再放入取毒器排毒。排毒之后，停留 1 小时则可放回原群。

3.6.6.3 采毒的操作

(1) 把供采毒蜂群的边脾带蜂隔开子脾 20 毫米，边脾上的工蜂用来取毒，注意不要把蜂王带过来。

(2) 隔开 1～2 小时后，提出边脾把蜂抖入采毒器内，每次 1 群以 1500～2000 只工蜂为宜。

(3) 把盛蜂的采毒器搬到室内，接上电源，每隔 5 分钟放电让工蜂排毒一次，连续 3～4 次即取毒完毕。

(4) 把取完蜂毒的工蜂搬到蜂场附近释放，让工蜂飞回原群。不宜在原群的巢门前释放，因为排毒工蜂身上的警戒信息素会激怒原群工蜂。

(5) 同群的工蜂，每隔 10～15 天取毒一次为宜。取毒过密容易刺激蜂群，甚至导致蜂群飞逃。

3.6.6.4 原毒的收集

工蜂排毒之后，蜂毒在玻璃板上凝结，取出承毒的玻璃板，用刀片刮下凝结在上面的蜂毒，放入清洁的小瓶内封闭。有时工蜂会在承毒板上吐蜜或者排出黄色粪便。在刮毒时注意先清除掉以免混杂在蜂毒中。一般按每个工蜂每次排毒 0.005 毫米计算，20000 个工蜂一次排毒可取 1 克粗蜂毒。

3.6.7 出售和租用授粉蜂群

作为授粉用的蜂群，群势需 1.5 框蜂以上，必须是无病，有王，有子，有贮蜜的正常蜂群。不正常的蜂群授粉效果很差。

(1) 北方，在 7 月下旬当主要蜜源结束后，利用山花再人工育王培育一批秋王，用人工分蜂及奖厉饲喂繁殖一批蜂群出售供温室授粉使用。

（2）中蜂在温室中为草莓、番茄、黄瓜授粉的效果优于意大利蜂。秋季出售小群中蜂可为蜂农增加收入。

（3）早春，气温在 7 度以上，中蜂便可以传花授粉，比意大利蜂高 4 度以上。因此，可以出租越冬后的蜂群为早春果树授粉服务，以增加收入。在授粉同时蜂群也得到扩大，是一举两得的好事。

第4章
病虫害防治

为害蜜蜂较严重的疾病是慢性麻痹病、囊状幼虫病、白垩病、欧洲蜜蜂幼虫腐臭病、美洲蜜蜂幼虫腐臭病。虫害是大、小蜂螨，巢虫等。

4.1 传染性病害

4.1.1 慢性麻痹病

该病是病毒传染病，主要在意大利蜂群中传染。

4.1.1.1 症状

病蜂常表现出两种症状。一种为"大肚型"，蜜蜂腹部膨大，蜜囊内充满液体，其内含有大量病毒颗粒，身体和翅颤抖，不能飞翔。在地面缓慢爬行或集中在巢脾框梁上、巢脾边缘和蜂箱底部，病蜂反应迟钝，行动缓慢。另一种是"黑蜂型"，病蜂身体瘦小，头部和腹节末端油光发亮。病蜂常常受到健康蜂的驱逐和拖咬，身体绒毛几乎脱落，翅常出现缺损，身体和翅颤抖，失去飞翔能力，不久衰竭死亡。在蜂群内有时同时出现两种症状，但往往以一种症状为主，一般情况下，春季以"大肚型"为主，秋季以"黑蜂型"为主。

4.1.1.2 诊断

（1）症状诊断：若发现蜂箱前和蜂群内有腹部膨大或头部和腹部末端体色暗黑，身体颤抖的病蜂，即可初步诊断为患慢性麻痹病。

（2）电镜诊断：取麻痹蜂并制备悬浮液，滴电镜铜网，置电镜下观察，若发现大量长椭圆形大小不等的病毒颗粒，即可确诊为慢性麻痹病病毒。

4.1.1.3 流行状况

在患麻痹病蜂的蜜囊内充满病毒颗粒，由于蜜蜂的传递食物行为，病蜂把蜜囊所容纳的病毒分给同伴时，使许多工蜂受感染，此外病蜂群中的花粉也含有大量的慢性麻痹病病毒。因此，可以看出麻痹病在蜂群内的传播主要是通过蜜蜂的饲料交换，而在群间的传播则主要是通过盗蜂和迷巢蜂。

在北京地区 4～5 月份为春季发病高峰期，适宜发病温度为 14～21℃，相对湿度为 45%～50%；9～10 月份为秋季发病高峰期，适宜发病温度为 14.5～19.5℃，相对湿度为60%～70%。

从全国来看，一年中也有春季和秋季两个发病高峰期，发病时间由南向北、由东向西逐渐推迟。在我国南方麻痹病早在1～2 月份即开始出现，而东北则最早出现在 5 月份，浙江地区 3 月份开始出现病蜂，而在西北则 5～6 月份才开始出现病蜂。

4.1.1.4 防治

对慢性麻痹病的防治，目前主要采取综合防治措施。

（1）更换蜂王 对患病群中的蜂王，可用无病群培育的蜂王进行更换，以增强蜂群的繁殖力和对疾病的抵抗力。目前这一措施依然行之有效。

(2) 杀灭和淘汰病蜂　可采用换箱方法，将蜜蜂抖落，健康蜂迅速进入新蜂箱，而病蜂由于行动缓慢，留在后面集中收集将其杀死，以减少传染源。

(3) 补充营养饲料　对于患病蜂群可喂牛奶粉、玉米粉、黄豆粉配合多种维生素，以提高蜂群的抗病力。

(4) 药物防治。

① 升华硫：升华硫对病蜂有驱杀作用，对患病蜂群每群每次用 10 克左右的升华硫，撒在蜂路、框梁上或蜂箱底，可有效地控制麻痹病的发展。

② 核糖核酸酶：国外研究报道，核糖核酸酶能够阻抗病毒核酸的合成及病毒增殖能力，并能防止蜜蜂死亡，具有防治麻痹病的作用。

③ 抗蜂病毒一号（主要成分为酞丁安）：本品为黄色或淡黄色结晶粉末，无臭，味微苦，不溶于水。试验证明，该药对蜂安全，对慢性麻痹病病毒具有显著的抑制效果，对健康蜜蜂有明显的保护作用，防治效果可达90％以上。

4.1.2　囊状幼虫病

蜜蜂囊状幼虫病又叫"囊雏病"、"囊状蜂子"。是蜜蜂幼虫的一种恶性传染病。目前我国的中蜂发生较普遍而又严重。对意大利蜂危害小。

4.1.2.1　病原

蜜蜂囊状幼虫病的病原，经笔者鉴定为囊状幼虫病毒所引起的。囊状幼虫病毒是一种无囊膜的病毒粒子，直径为 30 纳米。将这种病毒注射健康的成蜂体内，在脂肪体内可见到类似的病毒颗粒。经感染试验查明，囊状幼虫病毒在成蜂体内繁殖，特别是在工蜂的咽下腺和雄蜂的脑内积聚，但不引起症状（图 4-1)。

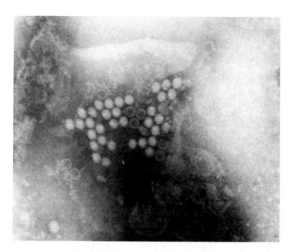

图 4-1　中蜂囊状幼虫病病毒（杨冠煌，杜芝兰摄）

4.1.2.2　症状

患囊状幼虫病症状（彩图 7）。患囊状幼虫病的蜂群内，在封盖子脾表面上常常形成空房相间的"花子脾"和"穿孔子脾"。这是由于患病幼虫常常被工蜂清除和封盖后的幼虫又被工蜂重新咬破所造成的。囊状幼虫病的潜伏期为 5～6 天，因此，患病幼虫大多在封盖时死亡。死亡幼虫呈黄褐色，尸体不腐败，无黏性，也无臭气味；而是表皮增厚，变得粗糙，里边充满颗粒状液体，若用镊子夹出时，则形成"囊状"。尸体干枯后，皱缩扭曲，头部上翘，变成如"龙船"状的硬皮。

4.1.2.3　诊断

当蜂群有患囊状幼虫病的疑问时，可从蜂群中抽出刚封盖的子脾 1～2 张，将蜜蜂抖落后，仔细观察老熟幼虫是否有死亡，是否有花子脾出现，是否有房盖穿孔等情况。若发现封盖子脾上出现"插花"子脾和开口蜂房，死亡幼虫头部上翘，形成"勾状"，而且无黏性和臭味时，即可初步诊断为囊状幼虫病。

4.1.2.4 流行状况

在蜂群中带病毒的成蜂是病害的传播者。而被污染的饲料（蜜、粉）是病害传染的来源。当带毒的抚育工蜂饲喂幼虫时，就可能将病毒传给健康的幼虫。至于病害在蜂群间的传播，则主要是通过蜜蜂间的相互接触而传播。例如养蜂人员不遵守卫生规程进行操作，蜂场上的发生盗蜂和迷巢蜂等，都可能将病毒传给健康的蜂群，而引起发病。但是病害发生的轻重程度以及构成流行，还与蜜源、气候和蜂种等有密切的关系。囊状幼虫病一般都是在每年的春末夏初和秋末冬初两个季节发生严重，南方多流行于4～5月，北方多流行于5～6月。在蜂种方面，中华蜜蜂对此病的抵抗能力较弱，一旦发病容易构成流行。

4.1.2.5 防治方法

采取综合措施进行防治。在药物治疗同时，辅助一些有效的管理措施，同时实行检疫，对患病蜂群要进行严格的检疫，禁止流动放蜂。

(1)加强保温 在蜂箱的副盖下增加一层塑料薄膜以保持巢温，群内保持蜂脾相称，适当密集。

(2)换王断子和幽王断子 幽闭控制蜂王产卵，把蜂王用线圈式王笼幽闭，插在子脾上，一般幽闭7～10天。另一种换王断子为：除去病群蜂王，换入成熟王台，新王出房交尾后在病群中繁殖。

(3)及时处理病害子脾及消毒 对蜂具、发病群子脾和场地进行消毒及处理。常用石灰水泡洗或用来苏尔溶液喷场地。

(4)补充饲喂营养物质 对全场补充饲喂糖水及人工饲料，发病群经喂饲之后有时较快恢复正常活动。

(5)选择抗病力强的蜂群进行人工育王 尽快用场内无病群作种群和育王群进行人工育王，用新王替换抗病弱蜂群中的蜂王。

(6)药物治疗。

① 贯众 50 克　　金银花 50 克　　甘草 17 克

② 野菊花、射干、贯众、生侧柏叶各 50 克

③ 半枝莲 100 克

④ 华千金藤（又名海南金不换）100 克

具体配法和用法：任选以上一种方剂，配制时每种方剂加水 2.5 千克，煎煮半小时，过滤。使用时，取滤液按 1：1 的比例加入白糖，调匀后喂蜂，每框蜂喂 100～150 克，连续或隔日喂，4～5 次为 1 疗程。

在治疗中为了同时治疗欧洲幼虫腐臭病，应加一些磺胺类药物以抑制细菌，但不能加抗生素以免污染蜂蜜。

中蜂囊状幼虫病从急性型转为慢性型之后，常常会相隔几年后会再度严重暴发，影响蜂群的发展。因此中蜂场应随时注意使用抗病强的蜂群育王，更换老王，此外春、夏之交注意蜂群保温和饲料充足，严防欧洲幼虫腐臭病的发生。

4.1.3　美洲幼虫腐臭病

美洲幼虫腐臭病又叫"烂子病"，是蜜蜂幼虫的一种恶性传染病。美洲幼虫腐臭病分布极广，几乎世界各国都有发生，其中以热带和亚热带地区发病较重。

该病只发生在意大利蜂等西方蜜蜂种的各亚种，中蜂及东方蜜蜂种不发生此幼虫病。

4.1.3.1　病原

美洲幼虫腐臭病是由幼虫芽孢杆菌所引起的。菌体长 2～5 微米，宽 0.5～0.7 微米，能运动，若用苯胺黑或墨汁负染时，能观察到成簇的鞭毛。该杆菌常形成芽孢来抵抗药物治疗，是一种很难治愈的幼虫病。

4.1.3.2　症状

美洲幼虫腐臭病主要是老熟幼虫或蛹死亡。因此，对可疑

患美洲幼虫腐臭病的蜂群，可从蜂群中抽取封盖子脾1～2张，仔细观察。若发现子脾表面呈现潮湿、油光，并有穿孔时，则可进一步从穿孔蜂房中挑出幼虫尸体进行观察。若发现幼虫尸体呈浅褐色或咖啡色，并具有黏性时，即可确定为美洲幼虫腐臭病。

4.1.3.3　流行状况

孵化24小时的幼虫最易受感染，经过两天以后的幼虫则不易受感染；因此，蛹和成蜂也不受感染。在蜂群内，病害主要通过内勤蜂对幼虫的喂饲活动而将病菌传给健康的幼虫，而被污染的饲料（带菌蜂蜜）和患病巢脾是病害传播的主要来源。在蜂群间，病害主要通过养蜂人员不遵守卫生规程的操作活动，如将患病蜂群与健康蜂群混合饲养、蜂箱蜂具混用和随意调换子脾等，都可能造成病害的传播蔓延。其次，蜂场上的盗蜂和迷巢蜂，也可能传播病菌。

美洲幼虫腐臭病菌生长要求的最适温度在34～37℃之间。因此，美洲幼虫腐臭病多流行于夏、秋季节，即蜂群繁殖盛期。

4.1.3.4　防治

对美洲幼虫腐臭病须采取综合方法进行防治，可从下列三个方面进行。

(1) 隔离病群　对于患病蜂群，必须进行隔离，严禁与健康蜂群混养；对于其他健康蜂群还须用药物进行预防性治疗。

(2) 对于重病群（一般烂子率达10%以上者），必须进行彻底换箱换脾处理　对轻病群，除需用镊子将所有的烂幼虫清除干净以外，还须用棉花球蘸取0.1%的新洁而灭溶液清洗巢房1～2次。对久治不愈的重病群，为了防止传染其他蜂群，应采取焚蜂焚箱的办法，彻底焚灭。

(3) 结合进行药物治疗　可选用磺胺类药物进行饲喂或喷

脾。但一定要在采蜜期到来之前两个月进行，以免污染蜂蜜。磺胺噻唑钠片剂或针剂均可。每千克 1 : 1 的糖浆加入 1 克的磺胺噻唑钠，调匀后喂蜂。

4.1.4　欧洲蜜蜂幼虫腐臭病

欧洲幼虫腐臭病是蜜蜂幼虫的又一种细菌传染病，在世界许多国家均有发生。在我国的中蜂上发生较为普遍，而西方蜂种较少发生。东方蜜蜂及西方蜜蜂欧洲幼虫腐臭病病原在血清学上有明显不同。

4.1.4.1　病原

欧洲幼虫腐臭病的致病菌是蜂房蜜蜂球菌，其余为次生菌，如蜂房芽孢杆菌，侧芽孢杆菌及其变异型蜜蜂链球菌等。

蜂房蜜蜂球菌是一种披针形的球菌，其直径为 0.5～1.1 微米，无运动性，为革兰阳性但染色不稳定，有时显革兰阴性。该菌不形成芽孢，有时可形成荚膜。涂片检查可见多呈单个存在，也有成双链状或梅花络状排列的。蜂房链球菌在马铃薯琼脂培养基上生长良好。

4.1.4.2　症状

患欧洲幼虫腐臭病的幼虫 1～2 日龄的传染病，经 2～3 天潜伏期，幼虫多在 3～4 日龄未封盖时死亡。发病初期幼虫由于得不到充足的食物便改变了它们原来在巢房中的自然姿态，有些幼虫体卷曲呈螺旋状，有些虫体两端向着巢房口或巢房底，还有一些紧缩在巢房底或挤向巢房口。病虫失去珍珠般的光泽成为水湿状、浮肿、发黄，体节逐渐消失，腐烂的尸体稍有黏性但不能拉成丝状，具有酸臭味。虫尸干燥后变为深褐色，易取出或被工蜂消除，所以巢脾有插花子脾现象。

4.1.4.3　流行状况

欧洲幼虫腐臭病发生的先决条件是群势弱，蜂巢过于松散，保温不良、饲料不足，蜂房蜜蜂球菌快速的繁殖，促成疾病的暴发。而在强群中幼虫的营养状况较好，发病较轻。

蜂房蜜蜂球菌主要是通过蜜蜂消化道侵入体内，并在中肠腔内大量繁殖，患病幼虫可以继续存活并可化蛹。但由于体内繁殖的蜂房蜜蜂球菌消耗了大量的营养，这种蛹很轻，难以成活。患病幼虫的粪便排泄残留在巢房里，又成为新的传染源，内勤蜂的清扫和饲喂活动又可将病原传染给健康的幼虫。通过盗蜂和迷巢蜂可使病害在蜂群间传播，蜜蜂相互间的采集活动及养蜂人员不遵守卫生操作规程，都会造成蜂群间病害的传播。

4.1.4.4　防治

(1) 加强饲养管理　提高蜜蜂对欧洲幼虫腐臭病抗性的一个条件是维持强群，经常保持蜂群有充足的蜂蜜和蜂粮。注意春季对弱群进行合并，做到蜂多于脾。彻底清除患病群的重病巢脾，同时补充蛋白饲料。

(2) 加强预防工作　杜绝病原，烧毁重病巢脾，对巢脾和蜂具进行严格的消毒，可使用市场上出售的高效消毒剂，或者用千分之一左右的高锰酸钾水洗刷蜂箱、浸泡或喷巢脾。

(3) 换掉病群蜂王　新的年轻蜂王产卵快，蜂更快清除病虫，尽快恢复蜂群的健康。

(4) 药物治疗　磺胺类药物和抗炎中草药，如穿心莲、金银花等进行治疗。以一个成人药量加糖水饲喂15框蜂。

(5) 生物防治　防治欧洲幼虫腐臭病可使用灭活疫苗。这是一种用福尔马林灭活的腐臭菌细胞培养物悬液，此疫苗可用作无病蜂场的预防和有病蜂场的治疗。

4.1.5　孢子虫病

近年来孢子虫病逐渐成为蜂群主要病害，其原因是：西方蜜蜂带进来的孢子虫病传染中蜂，在中蜂体内发生变异后又反过来传染外来蜂种，而外来蜂种对孢子虫病新的变异型缺乏抵抗力，经常造成严重的危害。

4.1.5.1　症　状

(1) 急性　初期成蜂飞翔力减弱，行动缓慢，腹背板黑环颜色变深，体色变黑，蜂群蜂王腹部收缩，停止产卵，不安地在巢脾上乱爬。

(2) 慢性　初期病状不明显，工蜂飞翔力减弱，造脾能力下降，偶见下痢，蜂群日渐削弱。把有症状的工蜂，用镊子夹住螫针拉出大肠、小肠和中肠，可发现中肠浮肿，斑纹不明显，呈灰白或米黄色，有时大肠有粪便积存，略带臭味。

4.1.5.2　病原及诊断

病原系由蜜蜂孢子虫（*Nosema apis Zander* 1909）。简单诊断方法：取工蜂的中肠，加少量 0.7% 生理盐水，在研钵里研碎，取一小滴上清液，涂在载玻片上，在 600 倍显微镜下检查，可发现长椭圆形似谷粒状并具有淡蓝色折光的孢子。孢子长 5.0～6.0 微米，宽 2.2～3.0 微米，也可将中肠涂片晾干，以 1∶49 革兰液染色 5 分钟，取出以蒸馏水冲洗再镜检，可以观察到孢子虫各期虫态。

4.1.5.3　防　治

(1) 蜂具消毒　将病群的蜂具用 2%～3% 的氢氧化钠溶液消毒清洗。

(2) 药物治疗　每 1.0 千克糖浆中加 100 克烟曲霉素作奖励饲养，每周喂 1 次，或加入米醋 3～4 毫升，每隔 3～4 天喂

1次，连喂4～5次。灭滴灵2.4克/千克糖浆治疗。

孢子虫病是意蜂常见病，中蜂虽曾传染，但未扩散。

4.1.6　白垩病

白垩病又称石灰子病，由蜂球囊菌寄生引起蜜蜂幼虫死亡的真菌性传染病。目前该病在日本、东南亚及我国大陆普遍发生并对蜂场造成不同程度的危害，成为蜜蜂的主要传染性病害之一。

4.1.6.1　病原

白垩病的病原为蜂球囊菌，属真菌子囊菌纲、球囊菌目、球囊菌科、球囊菌属。这种真菌只感染蜜蜂幼虫。

4.1.6.2　症状

患病蜂巢房盖不整齐，有凹陷，有或大或小的孔洞，患病幼虫多在大幼虫期或封盖幼虫期，雄蜂幼虫发病率高于工蜂幼虫。患病初期幼虫失去光泽和饱满度，起先在腹部下侧出现白色附着物，逐渐向整个躯体延伸，病虫体膨胀，充满整个巢房，随着病情发展，患鹏虫躯体呈白色，并逐渐僵化呈木乃伊状，当形成真菌孢子时，幼虫尸体呈灰黑色或黑色木乃伊状。白垩病的典型症状是死亡幼虫呈干枯状，身体上布满白色菌丝或灰黑色、黑色附着物（孢子），死亡幼虫无一定形状，尸体无臭味，也无黏性，易被清理，在蜂箱底部或巢门前及附近场地上常可见到干枯的死虫尸体。

4.1.6.3　诊断

（1）症状诊断　依据白垩病的典型症状确诊。

（2）显微镜检验　对可疑病蜂检验，挑取少许幼虫尸体表层物置于载玻片上，加1滴蒸馏水，加盖片，在低倍镜下观察，若发现白色似棉纤维状菌丝或球形的孢子囊及椭圆形的孢子，便可确诊为白垩病。蜂球囊菌易与孢子虫孢子相混淆，应注意区分。方法是，将孢子经盐酸处理 10～15 分钟，再镜检，真菌孢子仍可见到，而孢子虫孢子经酸处理后即溶解消失。

(3) 分离培养及镜检观察　取可疑幼虫尸体，经表面消毒，置 SDA-FY 培养基平皿或马铃薯琼脂培养基上培养，温度为 30℃，湿度为 60%～70%，经 2 天后即可长出典型菌落。挑取少许菌落置于载玻片上，加滴蒸馏水，加盖片后置显微镜下观察，若见到球型孢囊或椭圆形孢子即可确定为蜂球囊菌。

4.1.6.4　流行状况

白垩病是通过孢子传播的。当蜂球囊菌孢子被蜜蜂幼虫吞入后，在肠道内开始处于静止状态，在厌氧及少量二氧化碳条件下，孢子开始萌发，增殖，形成菌丝，穿透围食膜侵入真皮细胞，在其内繁殖，进一步穿透体壁，在体表形成大量菌丝和孢子。试验表明，花粉是白垩病的主要传染源，当蜜蜂吞食被蜂球囊菌污染的花粉后，在适宜的环境条件下，蜜蜂饲喂幼虫过程中将孢子传染给健康幼虫而感病，并逐步传播蔓延。转地放蜂、患病群巢脾的调动，都会造成病害的传播及蔓延。蜂球囊菌需在多湿的条件下萌发生长，在高温高湿的条件下，通常发生于 6～8 月，广泛流行，若遇连续阴雨天气则病情加重。在一群蜂中，通常是雄蜂幼虫首先感病，再逐渐向工蜂幼虫扩展。由患病蜂群向健康群传播。

4.1.6.5　防治

对于白垩病的防治，采取以预防为主，结合对蜂具、花粉的消毒和药物防治综合措施。

(1) 检疫

白垩病被农业部列为对内检疫对象，对患病蜂群必须采取积极防治措施，将病情控制在不致造成危害的最低限度。

（2）加强饲养管理

蜂场选择在干燥、向阳、通风的地方，蜂群保持通风；增强蜂群势；饲喂蜂群的花粉必须经灭菌消毒处理；此外，选择对白垩病抵抗力强的蜂群作为种群，培育蜂王，是控制白垩病的重要措施之一。

（3）消毒措施

淘汰患病严重的病脾，对轻病脾和蜂箱进行消毒，饲喂蜂群的蜂蜜及花粉需经过煮沸或蒸煮（花粉）消毒方可使用。

① 巢脾消毒法　对撤换下来的巢脾，可采用燃烧硫磺产生二氧化硫气体消毒，也可用 4% 的福尔马林溶液（也称甲醛溶液）或 38% 的甲醛蒸气密闭消毒。（消毒时间在 24 小时以上）。

② 花粉消毒法。

a. 钴 60 照射：凡经 100 万～150 万拉德照射的花粉，均不再含有致病能力的蜂球囊菌孢子。此法杀灭病原微生物是有效的，缺点是成本较高。

b. 蒸汽浴法：花粉经普通蒸锅蒸汽浴处理 30 分钟，即可彻底杀死致病菌。该法简单、易行，便于蜂场掌握，经处理的花粉，可用于饲喂幼虫。

（4）药物治疗

① 杀白灵　1 包商品药溶于 0.5 千克稀糖水中，混匀后喷病蜂及巢脾，使虫体湿润，每脾 10～15 毫升药液，隔日 1 次，连续 3 次为 1 个防治疗程，5 天后再作 1 个疗程防治。若将此药作为预防用，1 包商品药溶于 1 千克稀糖水中即可。

② 优白净　将药液作 100 倍稀释，喷蜂及巢脾，每脾约 10 毫升药液，隔日 1 次，连续 4 次为 1 个防治疗程，间隔 4 天后，再进行第 2 个疗程防治。

③ 灭白垩 1 号　将 1 包商品药用少量温水溶解后，加入 1 千克糖水中，搅拌均匀，喷喂 40 脾蜂，每隔 3 天 1 次，连续 4～5 次为 1 个防治疗程。

4.2 寄生性虫害

4.2.1 大、小蜂螨病

蜂螨病是当前我国养蜂生产的一种严重病害，不但发生普遍，而且危害性大。主要危害意大利蜜蜂。目前在我国发生的有大蜂螨病和小蜂螨病两种。

4.2.1.1 雅氏大蜂螨 （简称大蜂螨）

大蜂螨（彩图 8）是蜜蜂的体外寄生虫，但它是在封盖幼虫房内产卵繁殖。所以，它不但可使成蜂寿命缩短，采集力下降；而且，还可使幼虫或蛹死亡，新羽化出房的幼蜂残缺不全。因此，受螨害严重的蜂群，常常是死蜂、死蛹遍地，幼蜂到处乱爬，蜂群群势迅速削弱，造成全群覆灭。

(1) 形态特征及生物学特性

① 成虫 分雌成虫和雄成虫两种。

雌成虫体呈横椭圆，棕褐色，长 1.17 毫米，宽 1.77 毫米。体背为一整块角质化的背板所覆盖。背板具有网状花纹和浓密的刚毛。腹面具有胸板、生殖板、肛板、腹股板、腹侧板等结构。螯肢角质化强。不动指退化，短小；动指长，固定不能活动，其上有三个齿。足四对，第 1 对足粗短，第 2～第 3 对足稍长于第 1 对。全部跗节末端均有钟形爪垫。雄成虫比雌螨小 1/3。

② 卵 圆形，长 0.88 毫米，宽 0.72 毫米。背板一块，覆盖体背的全部至腹面的边缘部分。腹面各板，除肛板明显以外，其余各板界线不清。雄性生殖孔位于第 1 基节间，凸出于板之前缘。螯肢较短，几丁质化弱。不动指退化，短小。动指长，具有明显的导精管。

(2) 生活史及习性 大蜂螨的卵期为 1 天，若虫期 7 天（前期若虫 4 天，后期若虫 3 天）。从卵发育至成螨需 8 天左

187

右。成螨的寿命不等，在繁殖期平均为 43.5 天，最长 55 天；在越冬期，成螨的寿命可达 3 个月以上。

在大蜂螨的生活史中，大体可分为两个不同时期，即蜂体寄生期和蜂房繁殖期。怀卵雌螨在蜜蜂幼虫即将封盖之前便潜入蜂房内，依靠吸吮幼虫的血淋巴进行产卵繁殖。新成长的蜂螨就在封盖房内进行交配，待新蜂出房时就随新羽化的新蜂一起爬出巢房，又重新寄生在蜜蜂上。

（3）危害症状

当可疑蜂群受蜂螨危害时，首先可根据巢门前死蜂的情况和巢脾幼虫和蛹死亡的情况来判定。若在巢门前发现有许多翅足残缺的幼蜂爬行和有死蛹被工蜂拖出等情况，在巢脾上有死亡变黑色的幼虫或蛹，死蛹体上还附有白色的若螨等物时，即可确定为蜂螨危害。

4.2.1.2　小蜂螨

小蜂螨主要寄生在子脾上，寄生在蜂体上很少。因此，小蜂螨对幼虫和幼蜂的危害特别严重；若不及时治疗，就有全群覆灭的危险。

（1）形态特征及生物学特性

① 形态特征。

雌成虫：卵圆形，浅黄棕色。体背为整块骨板所覆盖。体长 1.03 毫米，宽 0.56 毫米。前端较尖，后端钝圆，其上密布细小刚毛。腹面有胸叉、胸板、生殖板、肛板以及气门片等结构。螯肢钳状，不动指有两个钩齿。足四对，第 1 对较细长，第 2～第 4 对较粗短，各跗节末端均有爪垫。

② 雄成虫：体呈卵圆形，淡黄色。长 0.95 毫米，宽0.561 毫米。背面结构与雌成虫相同，腹面除胸叉明显，胸板与生殖板合并成生殖腹板，生殖孔紧接于胸叉之后。螯肢可动指特化成输精突。

（2）生活史及习性　小蜂螨的卵期很短，产出后大约经过

15 分钟左右就变为前期若虫;前期若虫 2～2.5 天;后期若虫 2 天。因此,小蜂螨从卵发育至成虫需 4～4.5 天。成虫的寿命长短与温度有密切的关系。根据人工培养观察,在 10～15℃以下时,仅有 3.7 天,最长 11 天;在 30～35℃时,为 9.6 天,最长 19 天;在 36℃时,为 6.8 天,最长 17 天。

小蜂螨主要寄生在子脾上,靠吸吮蜜蜂幼虫的血淋巴生长繁殖。雌螨潜入即将封盖的幼虫房内,产卵繁殖。当一个幼虫被寄生死亡以后,小蜂螨又可从封盖房的穿孔内爬出来,重新潜入其他幼虫房内产卵繁殖。在封盖房内新繁殖成长的小蜂螨,就随新蜂出房时一同爬出来,再潜入其他幼虫房内寄生繁殖。

(3) 诊断

由于小蜂螨主要寄生在子脾上,寄生在蜂体上的很少,因此,在诊断上则主要采用熏蒸检查法来进行。

当怀疑蜂群受小蜂螨危害时,可用一玻璃杯(容积约为 500 毫升),从蜂脾上取蜜蜂 100～200 只,然后用棉花球蘸取乙醚少许,放入玻璃杯内,上面用一玻璃片盖上。经过 3～5 分钟,待蜜蜂麻醉后,将蜜蜂沿杯壁滚动几下,立即将蜜蜂倒回原箱的巢门前。蜜蜂苏醒后即回到蜂箱里去;而如果有小蜂螨则会粘在玻璃壁上。最后就可根据取样的蜜蜂总数和所落下的小蜂螨数,计算其寄生率。

(4) 蜂螨防治方法

根据大、小蜂螨繁殖于封盖房的生物特性,在每年秋季蜂螨发生高峰期到来之前(即北方 8～9 月,南方 9～10 月),对蜂王采用竹栅王笼扣王,断子一段时间(通常为 14～21 天),同时结合用药物进行防治,即可达到有效控制的目的。这也是培育越冬适龄蜂,保证强群越冬的重要措施。

目前治螨药物有多种,应因时因地地进行选用。

① 在春夏蜂群繁殖季节,可选用以氰氨酸菊酯为原料的各种巢门杀螨涂剂进行防治。该制剂杀螨效果高,作用快,而且操作简便,治螨可不用打开蜂箱,很适合在蜂群繁殖季节使

用。使用该制剂成本也很低。

② 在晚秋季节用长效杀螨片进行防治。该制剂具有药效期长，杀螨效果彻底等特点。挂入药片以后，保持 28 天以上，即可有效控制大、小蜂螨的发生，对抑制秋季蜂螨的发生高峰具有良好的作用。

经过上述方法防治以后，对于一些治螨间隔时间较长，或因附近蜂场互相传播，造成重复感染的蜂群，在当蜂群进入越冬期之前，蜂王停产后，最好再用以上药物补治一次，杀灭蜂体上残存的蜂螨，以保证来年春天蜂群的繁殖和强壮。

4.2.2　巢虫（蜡螟）

蜡螟又称大蜡螟，是中蜂群的主要敌害，常常造成蜂群逃亡，或者大批封盖蛹的死亡，因此是中蜂场防治的主要对象。

4.2.2.1　蜡螟与小蜡螟的形态区别

蜡螟与小蜡螟是不同属的 2 种危害蜂巢的害虫，养蜂员常常易混淆，根据赖德真、张正松及徐祖荫等描述，现将蜡螟及小蜡螟各虫态的主要形态区别列入表 4-1。

表 4-1　蜡螟与小蜡螟各虫态的主要形态区别

项目	蜡螟	小蜡螟
卵	长约 0.3 毫米，粉红色、短椭圆形，卵壳较硬厚	长约 0.25 毫米，乳白或白黄色，短椭圆形，卵壳薄
幼虫	小幼虫体灰白色，4 日龄前胸背板棕褐色，中部有一条较明显的白黄色分界线，老熟幼虫体长 22～25 毫米	小幼虫体色乳白至白黄色，前胸前板呈黄褐色，中部有一条很不明显的白黄色分界线，老熟幼虫体长 12～16 毫米
蛹	茧白色，长椭圆形，长 21～26 毫米，蛹体长约 12～14 毫米，黄褐色，腹部末端腹面有一对小钩刺，背面有一对齿状突起	茧黄白色，长椭圆形，长 11～12 毫米，蛹体长 8～10 毫米，黄褐色，腹部末端有 8 根排列成环状的椎形刺、腹面小、背面较大

项目	蜡螟	小蜡螟
成虫	雌蛾体长 18～20 毫米,翅展 30～35 毫米,下唇须突出于头前方,前翅略呈长方形,翅色不均匀。雄蛾体长 14～16 毫米,翅展 25～29 毫米,前翅外缘有凹陷,略呈"V"形	雌蛾体长 10～13 毫米,翅展 20～25 毫米,下唇须不突出头前方,前翅扁椭圆形。翅色均匀。雄蛾体长 8～11 毫米,翅展 17～22 毫米,前翅基部前缘有一棱形翅痣

4.2.2.2　生活习性

蜡螟白天隐藏在蜂场周围的草丛及树干隙缝里,夜间活动及交配。雌蛾交配后 3～10 天开始产卵,卵产于蜂箱的隙缝、箱盖、箱底板上含蜡残渣中。雌蛾每次产卵 300～1800 粒,一般存活 21 天。幼虫孵化时很小,爬行迅速,以箱底蜡屑为食。一天后开始上脾,钻入巢房底部蛀食巢脾,并逐步向房壁钻孔吐丝,形成分岔或不分岔的隧道。随着幼虫龄期的增大,隧道也增大。受害的蜜蜂幼虫到蛹期不能封盖或封盖后被蛀毁,造成白头蛹。

据王建鼎等报道（1981）,小蜡螟雌蛾寿命为 4～11 天,平均 6 天,可产卵 3～5 次,平均每次产卵 463.7 粒,幼虫上脾之后潜入巢房底部,一面吐丝连同自己的粪粒围成隧道,一面沿其隧道蛀食巢房壁,使房中的幼虫和蛹受到伤害,蛹期形成白头蛹。

4.2.2.3　防治

对蜡螟（图 4-2）和小蜡螟的防治,主要措施是中断幼虫的寄生场所。但由于施药杀死幼虫（简称巢虫）会影响蜂群,因此多采用管理措施来达到减少巢虫危害的目的。

王建鼎等在福建南靖县中蜂场试验证明:通过人工放小蜡螟幼虫 100 条入试验群中,每隔 10 天清除箱底蜡屑的蜂群,

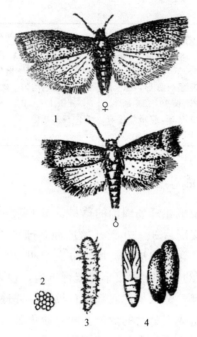

图 4-2　蜡螟各虫态
1—成虫；2—卵；3—幼虫；4—蛹及蛹茧

始终未出现白头蛹，仅后期有少量的白头蛹。而不清除蜡屑的蜂群平均每群的白头蛹多达 387 头，占蛹脾总数的 13.8%，造成严重危害。用新脾饲养的蜂群，经 1 个月试验后平均仅2.3 头白头蛹。而用旧脾饲养的蜂群平均达 263 头白头蛹。表明新脾饲养限制了巢虫幼虫的成长。同时认为脾多于蜂和蜂脾相称的 2 种措施对受巢虫为害程度没有显著差别。由此可见，经常清除箱底蜡屑是防治小蜡螟危害的重要措施。

　　在蜂场日常操作中注意经常收拾残留的各种废巢脾，及时化蜡。对抽出多余巢脾，封闭后用燃烧硫磺产生的二氧化硫，90% 的冰乙酸蒸气熏杀。冰乙酸除对幼虫外，对卵也有较强的杀灭能力。

　　此外，将巢脾放入 −7℃ 以下的冷库中冷却 5 小时以上也能达到杀灭隐藏在其中的蜡螟幼虫和卵。中蜂群生产的巢蜜中常隐藏一些小蜡螟的幼虫或卵，采用冷冻方法杀灭能取到较好的效果。

在夜间用糖与食蜡 1∶1 比例的糖蜡浆，放入小盆，放在蜂场空隙处引诱蜡螟成虫前来吸食，并溺死其中也可以杀灭部分蜡螟，减少巢虫密度。但白天必须及时收回，避免工蜂前来采食。

在防治蜡螟方面不少地方生产一种含有苏云金杆菌孢子的巢础，这种巢础造成巢脾之后，对蜡螟幼虫有一定杀死作用，但是防治效果较差。因此到目前为止，防治蜡螟的主要方法是及时清除箱底蜡屑，及时收藏好巢脾，熏杀巢脾中蜡螟的卵及幼虫。

4.3 其他病虫害

4.3.1 胡蜂

4.3.1.1 危害蜜蜂的胡蜂主要种类

胡蜂是社会性捕食昆虫，我国胡蜂类约有 200 种，主要栖息在林区（彩图 9）。

南方各省山区危害蜜蜂的胡蜂主要有金环胡蜂（又名大胡蜂），黄边胡蜂，黑盾胡蜂，基胡蜂和日环胡蜂等。6～11 月，胡蜂是蜂场的捕食性敌害，尤其对外来的西方蜂种，常造成毁灭性危害。

胡蜂是由早春一个受精雌性蜂发育为三种个体（蜂后、职战蜂和雄蜂）的社会性生活昆虫，其中以职蜂数量最多。

一般在遮风雨、避光直晒的树杈上筑巢，也有的种类在屋檐下、土洞中筑巢。蜂巢为纸质、单层或多层圆盘状结构，顶端有一牢固的柄，由中央向四周扩展增大，有的种类将层间空隙用纸质封固，形成一个大包，只留一个巢门出口，这有利于保温、育子。秋后，雌蜂才与雄蜂交配，受精后离巢觅找越冬场所，来年早春再筑新巢。

几乎全部胡蜂种类都在白天活动，晚间回巢护脾。气温13℃以上开始活动，最适宜气温为25～30℃。每日中午是活动高峰。

胡蜂虽然捕食蜜蜂，而主要是捕食森林中各种害虫，所以是属于受保护的益虫。胡蜂喜到蜂场来还有一个重要因素是多数种类喜欢甜性物质，而蜂蜜是最引诱胡蜂的甜性物质，因此在蜂场中减少暴露的蜜迹是减少胡蜂危害的措施之一。

4.3.1.2　防治

将蜂箱的巢门改为圆形巢门，阻止胡蜂窜入箱内；人工捕杀，经常在蜂场中巡察，用蝇拍捕杀在蜂群前后的胡蜂；在蜂场中经常驱逐胡蜂也会减少胡蜂侵入蜂场；毁灭蜂场附近的胡蜂窝等。中蜂群一般可以抗击侵犯的小型胡蜂。工蜂飞翔速度快，也不易被胡蜂捕捉，因此少量胡蜂来犯不会对蜂场造成严重损失。

4.3.2　绒茧蜂

据游兰韶等鉴定：中蜂绒茧蜂为中扁腹茧蜂。陈绍鹄（1989）认为中蜂绒茧蜂为绒茧蜂属一种。主要危害长江以南山区，危害时期为6～10月。笔者于1963年在宜宾市西部山区蜂场发现绒茧蜂的严重危害。

4.3.2.1　症状

被寄生的工蜂，六足紧扑于附着物上，伏于箱底和内壁，腹部稍大，丧失飞翔能力，螫针不能伸缩，捕捉时不螫人。蜂群采集能力下降，常缺乏粉及贮蜜。据陈绍鹄报道，在贵州山区中蜂场夏季寄生率高达10%左右，造成造成严重损失。把寄生的工蜂捕捉放入试管中，不久绒茧寄生蜂的老熟幼虫咬破工蜂的肛门爬出，10 分钟后即吐丝结茧，经 1.5 小时结茧结束，形成白色茧绒。

4.3.2.2 防治

中蜂绒茧蜂 10 月中旬以蛹茧在蜂箱裂缝及蜡屑内潜藏越冬，次年 5 月才羽化出茧，寻找工蜂寄生，因此在春季彻底清除蜂箱中的茧蛹是有效的防治措施。在蜂箱内发现绒茧蜂成蜂要及时捕杀，可减少危害。

4.3.3 蚂蚁

各种蚂蚁都能够进入蜂箱干扰蜂群，虽然很难进入子脾圈内，但蚂蚁的入侵增加工蜂驱逐蚂蚁的工作，干扰工蜂的各种正常活动，所以应尽可能减少蚂蚁入侵蜂群。常采取的措施是用四根短木棍支起蜂箱，在木棍中段用透明胶膜缠绕一圈以阻止蚂蚁上爬至蜂箱中。此外，勤清除蜂箱中蜂尸、糖汁以减少引诱蚂蚁的物质。

4.3.4 痢疾病

又称下痢病是春季常见非传染性疾病。

4.3.4.1 病因

在越冬期或者春季工蜂食了发酵变质的饲料或者受污染的水而引起发病。

4.3.4.2 症状

工蜂腹部膨大，直肠中积累大量黄色的粪便，排泄出黄褐色稀便，具恶臭气味，发病工蜂只能在巢门板上或巢门前排便，失去飞翔能力，这点与正常排泄不同：健康工蜂是在飞翔中排出粪便，而得病工蜂只能在爬行中排泄，而且常排泄后死亡。北京中蜂选育场 1995 年早春因痢疾而损失 1/3 蜂群，其原因是越冬饲喂了掺假的白糖水。

4.3.4.3　防治

喂饲蜂群的糖水必须煮沸。患病蜂群可喂大黄糖浆：大黄 100 克，用水煮开加糖水 1 千克喂蜂 20 框。或喂姜片糖浆：姜 25 克，加盐少许煮开，加糖 20 克，喂蜂 20 框。此外，磺胺类药物、山楂水均有一定效果。喂药每日 1 次，连喂 3～5 次。

4.4　农药中毒的预防和处理

农药的使用严重影响蜂群的安全，中蜂受到农药威胁的机会常在荔枝花期，春季油菜花期等；此外农家一些施用农药的工具混入蜂场被误用也会引起蜂群中毒。因此，为了蜂群的安全，养蜂员应注意预防农药中毒。

4.4.1　症状

工蜂中毒后，全身颤抖，在巢门前或者巢脾上乱爬，后足伸直，腹部向内弯曲，最后伸舌而死。当群内出现少数工蜂中毒死亡时，立刻引起周围工蜂的警戒。若具有一定数量的工蜂中毒死亡，就会引起其他工蜂飞逃而去。在野外采集花朵而中毒的工蜂多数死在途中或者巢门外。每隔十天检查蜂群时会发现有些蜂群的群势不但没有发展反而减少下去，这时应考虑是否因周围蜜源施用农药使大量采集工蜂中毒死亡。

4.4.2　预防方法

对于农药中毒的解救方法都不理想，主要靠预防。

（1）对于在蜜源植物上施用农药，应统一协调，应采蜜后再施药,如荔枝花期应在采蜜蜂群离开后才施用农药。

(2)对于农家小菜园中施用农药,应统一行动,通知养蜂户在用药当天及以后1～2天关闭巢门,不让工蜂出外采集。

(3)对于误用盛过农药的瓶子、工具而引起中毒事件,应注意养蜂用具单间存放,严格保护,以使蜂产品及蜂具不受任何药物污染。

(4)对于在蜂场周围广泛施用的农药,又无法协调统一的情况下,只有把蜂群搬到无农药的山林去躲避一段时间再回来。

4.5 提高蜂群抗病能力的措施

(1)蜂王的品质 在人工育王中应选择无病的蜂群作种王,育王群也应无病。淘汰产卵空巢率高、缺翅和足的蜂王。

(2)基本群势的维持 群势太弱不利于群内温度的稳定,易使幼虫因温度的波动而降低抗病能力。因此,群内不能少于四张脾、3框蜂。

(3)减少人为干扰 人为干扰越多抗病能力越弱。笔者曾经测验,从蜂群中提出子脾后立刻再放回去,24小时后子脾上的温度才恢复正常。每提一次子脾都会使幼虫的抗病能力下降。

(4)避免环境的干扰 蜂群位置处于强光、强风、日晒、噪声、高压电磁波下,周围水源不洁等都会降低蜂群的抗病能力。因此,应选择无以上干扰的位置摆放蜂箱。

蜂群是一个整体,尽量不要随意去开箱干扰蜂群。蜂群不受干扰才能提高抗病能力,从而不得病或者得病也很轻,自愈快。

参 考 文 献

[1] 冯峰主编．中国蜜蜂病理及防治学．中国农业科技出版社，1995.

[2] 杨冠煌著．中华蜜蜂．中国农业科技出版社，2001.

[3] 周冰峰编著．蜜蜂饲养管理学．厦门大学出版社，2002.